A. GOIN, éditeur, quai des Grands-Augustins, 41, PARIS.

BIBLIOTHÈQUE DE L'AGRICULTEUR PRATICIEN

TRAITÉ

DES

BASSES-COURS

ET DE

LA PETITE CULTURE

PAR

LE F. ALEXIS ESPANET.

DE L'ÉDUCATION

DES PIGEONS, DES OISEAUX DE LUXE
DE VOLIÈRE ET DE CAGE.

PRIX : 1 FR.

PARIS

LIBRAIRIE CENTRALE D'AGRICULTURE ET DE JARDINAGE

QUAI DES GRANDS-AUGUSTINS, 41

1857

A. GOIN, éditeur, quai des Grands-Augustins, 41, PARIS.

L'AGRICULTEUR PRATICIEN, revue de l'Agriculture française et étrangère,

24 numéros par an, avec figures dans le texte. — Prix : 6 fr.

TRAITÉ PRATIQUE

DE L'ÉDUCATION

DES PIGEONS, DES OISEAUX DE LUXE

DE VOLIÈRE ET DE CAGE,

Evreux, A. Hérissey imprimeur. — 157.

TRAITÉ

DES

BASSES-COURS

ET DE

LA PETITE CULTURE

PAR

LE F. ALEXIS ESPANET.

DE L'ÉDUCATION

DES PIGEONS, DES OISEAUX DE LUXE DE VOLIÈRE ET DE CAGE.

PARIS,

LIBRAIRIE CENTRALE D'AGRICULTURE ET DE JARDINAGE,

QUAI DES GRANDS-AUGUSTINS, 41.

— Auguste GOIN, Editeur. —

1857

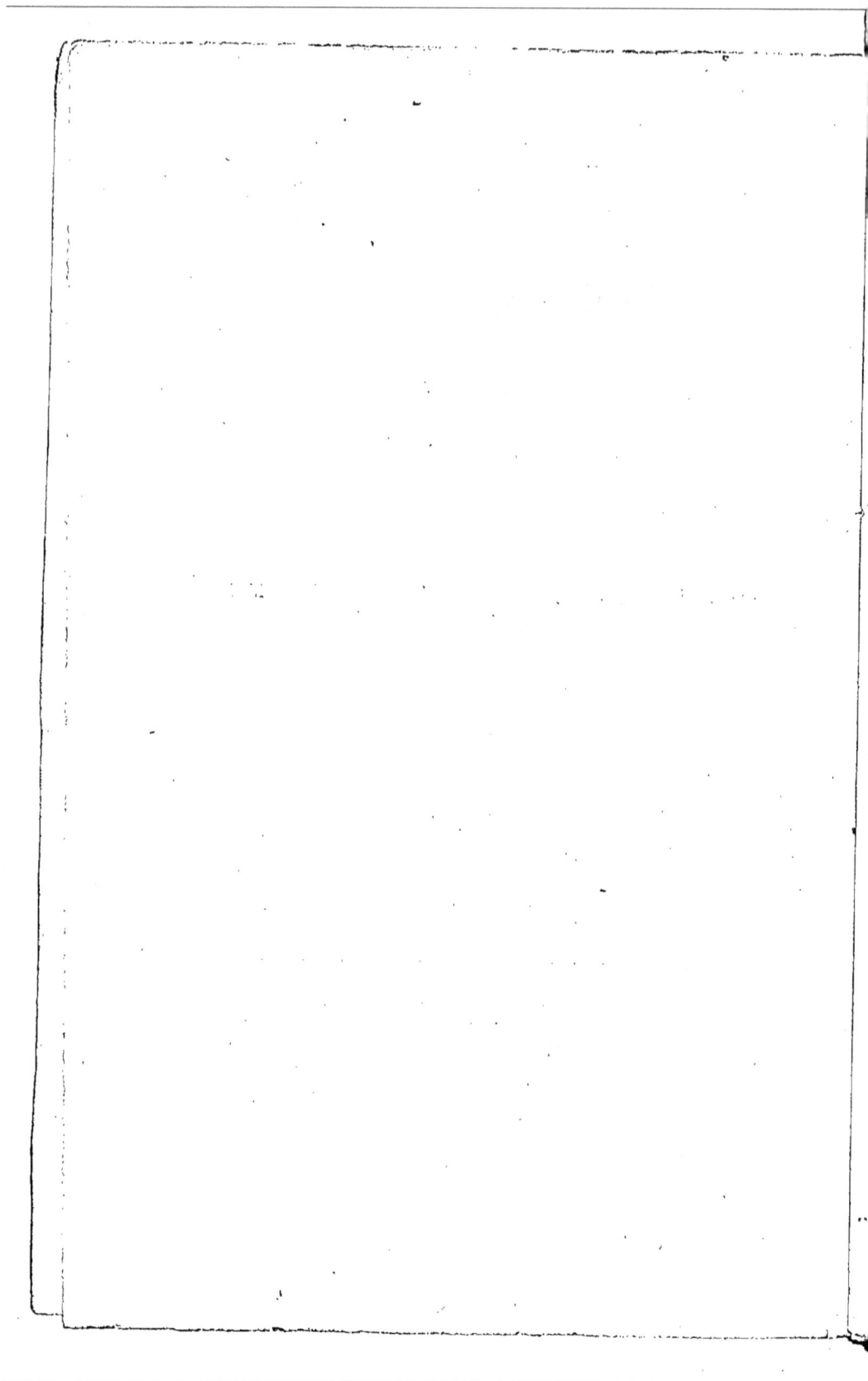

INTRODUCTION.

Le volume que nous publions aujour-
d'hui n'offre pas seulement de l'intérêt
aux spéculateurs qui veulent élever toute
espèce d'oiseaux, soit pour les engraisser,
soit pour les multiplier, mais il en offre
aussi aux personnes qui, par goût pour
ce genre d'agrément, veulent avoir des
oiseaux de volière ou de cage.

Nul plaisir plus simple, plus naturel,
plus doux et plus attrayant que celui
d'une volière bien tenue. D'autre part,
les exigences du luxe appellent l'attention des éleveurs vers plusieurs sortes
d'oiseaux d'une vente recherchée et fort
avantageuse. Nous croyons donc que ce
petit livre ne sera pas lu sans intérêt.

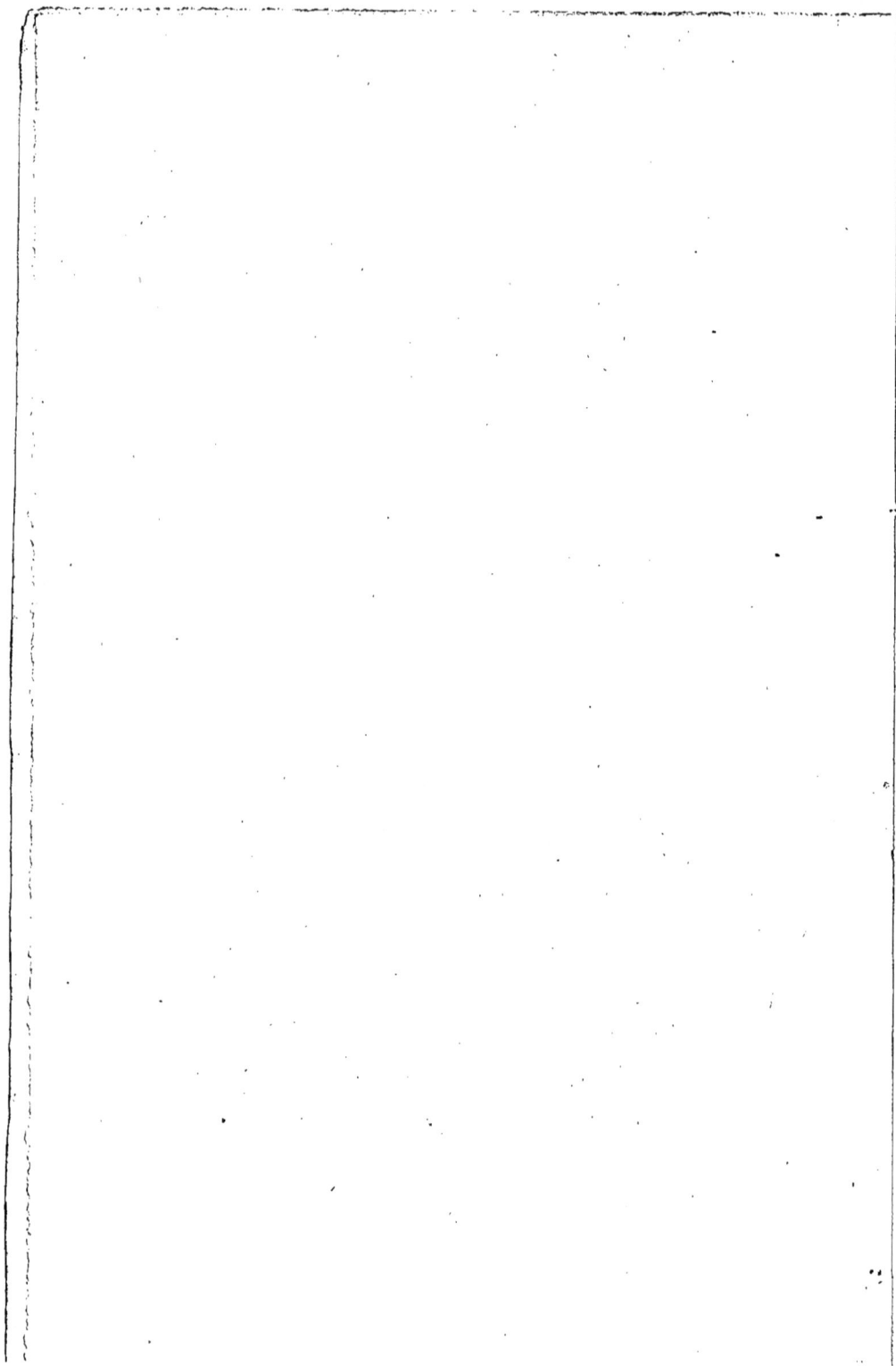

TRAITÉ PRATIQUE

DE L'ÉDUCATION

DES PIGEONS, DES OISEAUX DE LUXE

DE VOLIÈRE ET DE CAGE.

—◦◦◦—

PREMIÈRE PARTIE.

—

PIGEONS.

——————

CHAPITRE Ier.

DES VARIÉTÉS DE PIGEONS.

On comprend à peine qu'une maison de campagne
ou d'agrément soit dépourvue de pigeons, de ces
jolis oiseaux dont le vol, les évolutions et les mœurs
si douces égaient une cour, animent un lieu solitaire,
réjouissent l'homme et alimentent sa table et sa
bourse.

On agite une question grave à l'endroit des pigeons : *son éducation apporte-t-elle quelque profit à l'éleveur ?* Nous nous sommes longtemps occupé à la résoudre, et nous publions le résultat de nos essais et de notre expérience.

Le pigeon biset ou colombin, qui se rapproche du ramier par ses habitudes indépendantes et par ses mœurs sauvages, ne mérite en aucune façon les soins de l'homme, à moins qu'il ne veuille placer le pigeonnier au milieu d'un grand parc ou d'une contrée déserte. Le biset, n'ayant pas entièrement subi l'influence de la domesticité, n'a pas acquis toute la fécondité désirable. Il ne fait jamais plus de trois couvées de deux œufs par an, encore les laisse-t-il souvent périr pendant ses courses lointaines, où le poussent son esprit de vagabondage et ses besoins. Distrait par ses jeux ou par ses expéditions des soins de sa famille, il est impropre à servir les intérêts de l'homme.

Il n'en est pas de même du pigeon domestique. Cette espèce assez familière avec l'homme pour ne pas s'effaroucher des soins dont elle est l'objet, n'est point assez sauvage, n'a pas conservé assez d'instincts déprédateurs pour pourvoir à son entretien. L'homme y supplée, et elle paie ses soins.

Le pigeon domestique offre une multitude de variétés qu'il est inutile, ou plutôt impossible d'énumérer. Le croisement perpétuel des races en introduit chaque jour de nouvelles. Il suffit de savoir que les variétés les plus fécondes sont les plus communes et à la portée de tout le monde. Quoique de moindre grosseur, ces pigeons apportent le plus de profit à l'éleveur. Ainsi, le pigeon de Tunis est l'un des plus gros, et pèse jusqu'à 200 grammes de plus que le nonain, mais il ne fait que trois ou au plus quatre nichées par an, tandis que le nonain en fait une chaque mois, excepté seulement durant les deux ou trois mois de grands froids.

Parmi tant de variétés, les plus répandues sont : le petit commun, le pigeon de mois, les pigeons pattus ayant des plumes jusqu'aux extrémités des pattes. Ils sont avec ou sans huppe ; les nonains sont caractérisés par une espèce de coiffe, avec ou sans capuce, nom qu'on donne à l'arrangement d'un bouquet de plumes plus longues que les autres à la tête.

La couleur ne sert jamais à distinguer l'espèce, si ce n'est peut-être pour le pigeon maurin, qui a le corps noir avec la tête blanche. Les pigeons communs ont rarement des colliers, des tubercules, des excroissances, comme les grosses espèces espagnoles, les bagadais, par exemple. Quelquefois les femelles se distinguent des mâles par l'absence de quelque agrément dans le plumage : huppe, panache, etc. ; d'autrefois, comme chez le nonain-maurin, la coiffe, le capuchon, la cravate, composés par des plumes redressées, appartiennent également au mâle et à la femelle.

Les pigeons communs sont les plus familiers, les plus féconds, les moins sujets aux maladies, par conséquent les plus utiles ; ce sont les seuls dont nous recommandions l'éducation. Pour peupler le pigeon-

1.

nier, on en choisit une ou plusieurs paires de diverses variétés; on les retient quelques jours captifs pour les empêcher de s'en retourner à l'endroit d'où ils ont été apportés, et on les traite comme nous allons le dire. Du reste, il faut que les pigeons se trouvent bien chez eux, si l'on ne veut pas qu'ils aillent ailleurs ou qu'ils perdent leur temps à chercher ce qu'ils désirent.

CHAPITRE II.

EMPLACEMENT ET ORGANISATION DU PIGEONNIER.

Pour exploiter le pigeon sur une assez grande échelle, il convient d'avoir un pigeonnier ou colombier et une volière. Cinq cents paires de pigeons dans une basse-cour, telle que nous l'avons indiquée pour les poules, forment le complément de travail d'une personne gagée pour cela. Voici la manière d'opérer avec économie et sûreté :

1º *Colombier.* — Ayant donc à élever des pigeons domestiques et familiers, nous indiquerons l'emplacement du colombier dans l'une des basses-cours, contre la maison d'habitation ou tout auprès. Il peut consister en une tourelle à un ou plusieurs étages, en une chambre superposée au poulailler, ou à l'écurie, ou tout simplement en une baraque en bois supportée par des piliers. Il y aura toujours un rebord placé dans le bas des entrées ou des supports du pigeonnier pour en interdire l'abord aux rats et à tous les animaux malfaisants. En un mot, de quelque manière qu'il soit constitué, il est essentiel de le garantir de tout ennemi quadrupède ou ailé ; et quant à ces derniers, il faut que les ouvertures supérieures par où vont et viennent les pigeons, soient fermées chaque soir et ouvertes de bon matin. Une croisée grillée suffit dans la plupart des cas.

Dans l'emplacement désigné, ils seront mieux surveillés, mieux soignés, et ils profiteront des grains et autres aliments qu'ils trouveront çà et là dans les cours de la ferme. On aura grand soin d'abriter le colombier, ou, du moins, d'en garantir les ouvertures des vents dominants et de la pluie.

Voici, pour plus de clarté, la description d'un pigeonnier de 500 paires. Il était placé au centre d'une espèce de cour de 40 mètres carrés ; la cour était complantée d'arbres, d'arbustes et cultivée en herbages et en grains à l'usage des pigeons. Un filet d'eau la traversait au midi, du levant au couchant; cette eau, coulant sur un lit de briques évasé des deux côtés, permettait aux pigeons de s'y enfoncer peu à peu, et autant qu'ils le voulaient, pour boire et se laver.

Cette cour, ou plutôt ce jardin ou cet enclos, était formée d'une palissade en bois et fil de fer à claire-voie d'un mètre d'élévation, au-dessus d'un petit mur qui avait lui-même 1 mètre de haut. Cette clôture avait donc 2 mètres d'élévation, et était couronnée par une traverse assez large sur laquelle les pigeons se tenaient volontiers en observation.

Dans le centre s'élevait le pigeonnier, construction légère de 10 mètres carrés, consistant en briques sur champ, maintenues par des bois. Le tout était supporté par des arceaux en briques, au nombre de trois sur chaque face. Au-dessus des piliers et des arceaux, qui n'avaient qu'un mètre d'élévation, existait tout autour un rebord en briques de 20 centimètres ; ce rebord s'opposait parfaitement à l'invasion des rats et de tout animal destructeur.

Au midi était l'ouverture principale, la porte. On y parvenait au moyen d'une petite échelle qu'on enlevait après s'en être servi. Au niveau du seuil et au-dessus de la tablette en saillie, on avait pratiqué cinq petits soupiraux grillés sur chaque face, afin d'entretenir un courant d'air purificateur. On pouvait facilement les boucher lorsqu'il faisait froid.

Le corps de la construction avait trois mètres d'élévation seulement. En logeant les pigeons aussi bas, on les retient plus facilement chez eux et au milieu de leur enclos. Les ouvertures destinées à leur donner issue étaient sur les trois faces opposées aux vents dominants (ceux du nord). Il y en avait deux groupes sur chaque face ; chaque groupe comprenait quarante ouvertures sur un espace d'un mètre carré. On le fermait la nuit par une croisée grillée. Chacune des ouvertures donnait passage à un seul pigeon, et la partie inférieure consistait en une tablette formée d'une large brique en dedans et au dehors. Le pigeon s'abattait sur cette tablette avant d'entrer ou de sortir.

La toiture était fort légère, très-inclinée et en ardoises; les pigeons ne pouvaient s'y reposer; mais ils se reposaient sur des bois horizontalement placés, en guise d'étagères, tout autour des trois faces les mieux exposées; ils régnaient au-dessous des ouvertures et servaient de promenoir aux pigeons.

La pente des toits donnait à leur sommet une hauteur de 8 mètres; le pigeonnier offrait ainsi un assez vaste appartement, où étaient habilement placés 1,000 paniers à couver, soit contre les murs, sur trois rangs; soit dans le milieu, adossés contre des planches; soit autour de la charpente du centre. Les paniers du même rang n'étaient pas sur une ligne droite; mais l'un était 30 centimètres plus bas que l'autre; et, entre chaque paire de paniers, on avait mis une petite planche qui interceptait la vue sur la ligne des paniers et empêchait les couveuses de se voir. Enfin, devant chaque rang de paniers était un barreau sur lequel les pigeons se reposaient le jour avant d'arriver à leur nid, et se juchaient la nuit. Ces barreaux étaient disposés de telle sorte que tout en étant superposés pour desservir les trois rangs de paniers qui existaient partout, nul pigeon ne se salissait, et les fientes tombaient sur le plancher.

Excepté en quelques rares jours d'hiver, on ne mettait jamais à boire ou à manger dans l'intérieur du pigeonnier; tout cela était au dehors, sous de pelits pavillons, espèce de toits en planches peintes, où se trouvaient les trémies et les boîtes pour les grains et les pâtées. Chacun connaît la trémie, nous ne la décrirons pas ; on sait que c'est une caisse en entonnoir remplie de grains qui s'échappent par une petite ouverture dans le bas à mesure que les oiseaux mangent ce qui est déjà sorti.

Voilà l'organisation la moins dispendieuse que nous ayons pratiquée. On peut, certes, construire un colombier plus élevé, à murs plus épais et plus solides, avec des tourelles et une petite cour intérieure, etc. ; mais on n'en ferait pas où l'économie serait mieux alliée à l'utile et même à l'agréable. Du reste, chacun peut, d'après ce qui précède, combiner ses idées, ses moyens d'action et son local avec nos principes, c'est-à-dire avec une organisation qui permette d'avoir le plus de pigeons dans le plus petit local, de l'aérer, de faciliter le nettoyage, les soins de propreté et la visite des nids.

CHAPITRE III.

DE LA VOLIÈRE.

La volière d'un colombier n'est pas autre chose qu'un appartement fermé, dont les croisées sont grillées et laissent pénétrer largement l'air et la lumière ; elle doit être située à l'un des angles les plus

abrités de la cour. C'est là qu'on dépose les pigeonneaux sortis du nid, afin de les accoupler.

La grandeur de cette volière doit être en rapport
avec celle du pigeonnier, parce que les sujets doivent
incessamment y être renouvelés suivant une proportion déterminée. Les pigeons ne se gardent que cinq
ans au plus; il faut donc en renouveler cent vingt-
cinq paires par an, c'est-à-dire dix à douze paires
par mois, dans un pigeonnier de cinq cents paires.

Or, les pigeonneaux sont retenus six à sept semaines dans la volière; c'est donc toujours seize à dix-
huit paires qui devront y séjourner. Il suffira pour
cela d'une volière de 4 mètres carrés; mais cet
espace ne saurait être amoindri sans se créer des
obstacles à une exacte propreté.

La plus grande difficulté consiste à reconnaître les
sujets vieux que l'on doit remplacer. Cette difficulté
est réelle. Nous l'avons vaincue dans un pigeonnier
de trois cents paires, en y introduisant d'abord cinq
variétés de soixante paires chacune, ayant leurs
couples bien formés et convenablement distinctes les
unes des autres. Le renouvellement s'opérait sans
peine : on entrait le soir dans le pigeonnier, et l'on
saisissait les soixante paires signalées par leur espèce
même et par leur différence d'avec les autres.

Cette méthode ne put être appliquée dans une
autre circonstance; il nous fallut, après cinq années,
nous débarrasser des deux cents paires que conte-
nait le colombier et le repeupler à l'aide de trente ou

quarante paires des derniers mois; c'est quelquefois
le moyen le plus sûr.

Mais quelle nécessité, dira-t-on, de renouveler
ainsi les pigeons? C'est afin de ne pas les laisser
mourir de vieillesse et de ne pas les entretenir lorsque, devenus vieux, ils sont impropres à la reproduction. Sans ce renouvellement, un pigeonnier,
après quelques années, dépérit rapidement. On
change bien quelques paires qu'on croit vieilles,
mais on se trompe souvent, on dépareille les couples,
on prend des jeunes et des vieux, on trouve chaque
jours des pigeons morts, des femelles délaissées, des
mâles isolés qui s'en vont troubler les autres paires.
Le profit s'en va, l'on ne fait rien de bien, l'on finit
par se dégoûter des pigeons, on abandonne cette
industrie et on en détourne les autres.

On reconnaît aisément les couples formés. Le
mâle roucoule en tournoyant devant la compagne
qu'il s'est choisie; il se pavane devant elle, allon-
geant et raccourcissant son cou azuré, sautillant,
épanouissant sa queue et poussant de petits cris. Sa
femelle, au plumage plus simple, au corps plus
petit, est plus calme, semble éviter les abords du
mâle et recevoir ses prévenances avec une certaine
dignité : mais une fois fixée, elle reste sa compagne
inséparable. On peut les laisser ainsi pendant encore
une semaine, après quoi on remarque l'endroit où
ils se juchent; on les prend le soir et on les porte au
colombier.

CHAPITRE IV.

DES NICHÉES.

C'est toujours le mâle qui choisit le panier où doit être déposée la future famille. On le voit suivre quelque temps la femelle avec inquiétude; puis, quand l'instinct l'avertit que celle-ci est sur le point de pondre, on le voit s'agiter en divers endroits et y attirer sa compagne. Il se rapproche du panier dont il a fait choix, il s'y pelotonne en poussant un cri particulier, il en sort, il y revient, il va à la femelle, l'excite, la stimule du bec et de l'aile, l'entraîne enfin vers le panier, s'y précipite, semble s'y cacher ; et ce manége dure jusqu'à ce que la femelle paraisse comprendre enfin. On la voit alors se jeter sur le mâle tandis qu'il est dans le panier, le chasser à coups d'ailes et se mettre à sa place.

Au bout de quelques instants on voit revenir le mâle portant une paille à son bec; dès ce moment sa compagne se met à l'œuvre, et en une demi-journée le nid est achevé. Un ou deux jours après la femelle a pondu deux œufs qu'elle couve avec la plus grande assiduité.

On doit ne leur donner que des paniers commodes, ni trop grands ni trop petits. Et nous devons à ce sujet quelques détails dont on comprendra l'utilité ; ils s'adaptent à toutes les espèces d'oiseaux.

La forme des paniers à couver doit être ronde au-

tant que possible, ou assez peu tronquée du côté par
lequel ils sont appliqués au mur ; car le pigeon doit
pouvoir s'y tourner et s'y retourner sans que sa queue
s'accroche nulle part ou soit trop retroussée, pendant
qu'il exécute les mouvements rotatoires. Il faut de
plus que le panier ne soit pas trop profond, ce qui
ne les oblige pas à charrier beaucoup de paille ; trop
de paille attire trop de vermine ; enfin, le pigeon
peut, en levant la tête, voir ce qui se passe ou se
tenir tapi et se cacher, et pour cette raison le panier
ne doit cependant pas être trop plat. Les dimensions
que l'expérience nous avait fait adopter étaient 30 centimètres de diamètre et 15 de profondeur au centre,
le panier étant hémisphérique. Nous remarquons
encore que les pigeons donnent la préférence à la
paille grossière, aux tiges assez consistantes d'herbes
sèches, pour la construction de leurs nids.

La disposition des paniers doit aussi être telle que
le pigeon d'un nid n'aperçoive pas celui d'un autre
nid, et que nul d'entre eux n'ait à se reposer direc-
tement sur le nid en arrivant. C'est pour cela que
l'on place toujours, comme nous l'avons dit, une
traverse ou barreau en avant des paniers : de cette
façon les pigeons ne se reposent ni ne se juchent
sur les bords des paniers et ne les salissent pas.

La matière qui sert à la construction des paniers
mérite une attention particulière. L'osier est plus
économique, mais la terre cuite est de beaucoup
préférable pour la propreté. Les pigeons aiment
assez faire leurs nids dans des caisses ouvertes par

un coin. Malheureusement il est difficile d'y entretenir la propreté.

Le nombre de paniers est chose encore fort impor-
tante. Il en faut deux pour une paire, et au moins
trois pour deux paires de pigeons, si le colombier
est en partie peuplé de races moins fécondes. On
compte en général sur deux paniers par paire,
parce que la femelle pond deux œufs et les couve
pendant dix-neuf jours à peu près. Les petits sont
encore réchauffés pendant cinq à sept jours par le
mâle ou par la femelle, après quoi celle-ci pond
encore. Un second panier lui est donc nécessaire,
puisque les petits du premier ne sont en état de
quitter leur nid que trois semaines environ après
l'éclosion. Si le panier où ils sont était trop grand,
la femelle pondrait souvent à côté d'eux; le panier
ne pourrait être nettoyé, et il s'ensuivrait de graves
inconvénients, dont le pire est la vermine, qui fait
souvent abandonner le nid à ces oiseaux.

Aussitôt après l'éclosion, le mâle, qui auparavant
venait remplacer sa compagne sur les œufs, deux
fois par jour pendant quelques instants, reste désormais un peu plus dehors; il joue avec elle, finit
au bout de quelques jours par la retenir avec lui loin
du nid, la féconde et se charge seul des pigeonneaux;
il les nourrit avec une espèce d'acharnement, les
gorgeant quelquefois jusqu'au bec. Dans les petites
espèces, les pigeonneaux ne quittent pas le nid que
les œufs de la deuxième couvée ne soient éclos, et
ainsi de suite jusqu'à la fin de l'année.

CHAPITRE V.

DE LA NOURRITURE ET DES PRODUITS.

Il faut, par jour, 25 kilogrammes de grains mêlés pour cinq cents paires. Nous entendons par grains mêlés, un ensemble de vesce, d'ers, de pois sauvages, de sarrasin, de maïs, d'orge, etc. Cette quantité se distribue en deux repas, le matin et le soir, deux heures avant le coucher du soleil et vers le milieu de l'après-midi. Ces heures ne sont pas arbitraires, en voici la raison : la femelle, qui passe toute la nuit sur les œufs, ne les quitte que vers dix heures, au moment où le mâle vient la remplacer et quelquefois la chasser à coups de bec. Si on faisait la distribution trop tôt, la femelle, remplacée toujours vers dix heures, ne trouverait plus facilement à manger; les grains auraient disparu, elle serait obligée d'aller butiner, de rester longtemps pour manger mal; et le mâle, pendant ce temps, pourrait s'ennuyer et abandonner les œufs, malgré sa patience à couver.

Indépendamment des grains, on doit leur fournir un supplément de nourriture en herbage. Il faut donc ensemencer alternativement et successivement les diverses parties de l'enclos autour du colombier. On recouvre les semis de broussailles impénétrables aux pigeons, et l'on en découvre chaque jour la portion où l'herbe a poussé des tiges jeunes et tendres. Les graines qu'on sème ainsi sont : l'orge, la vesce, le millet, le seneçon, le mouron, la laitue, etc. La plupart de ces graines peuvent être mêlées au moment de les jeter en terre; les pigeons sont friands de ces jeunes herbes.

Ce moyen simple est très-économique et très-sain, il contribue à grossir les profits de l'éleveur, il entretient la santé de ces oiseaux et les attache à leur colombier, comme tous les autres agréments qu'on leur donne. Il faut tout au plus une dépense de 200 fr. chaque année pour diverses graines à germer. La personne qui soigne la basse-cour est chargée de l'ensemencement et de l'entretien des semis. On ajoute à cela pour une centaine de francs de farines servant à la confection des pâtées nécessaires aux jeunes pigeonneaux.

Ces pâtées sont enlevées par les mâles et par les femelles, qui les distribuent à leurs jeunes nichées : car durant les premiers jours qui suivent l'éclosion, les pigeonneaux s'accommodent moins bien des grains. Lorsque les pâtées manquent, les pigeons gardent longtemps le grain dans le jabot et ne le dégorgent dans celui des petits qu'après lui avoir fait subir une demi-digestion. S'ils trouvent une pâtée convenable de farines grossières, de pommes de terre, etc., ils la portent de suite à leur nichée, ce qui ne les empêche pas de leur donner quelquefois aussi du grain.

Un système de nourriture aussi simple comporte,

pour cinq cents paires de pigeons, une dépense de
1,800 fr. ainsi répartis : 1º 200 fr. pour complément
de la solde du surveillant; 2º 200 fr. pour grains à
semer; 3º 100 fr. pour farines et substances féculen-
tes à faire les pâtées; 4º 1,200 fr. pour le grain, base
de l'alimentation; 5º et enfin 100 fr. pour l'intérêt
de la somme affectée à l'organisation du colombier.

Voici pour le produit : cinq cents paires de pigeons,
donnent, l'une dans l'autre et bon an mal an, sept
paires de pigeonneaux, toute part faite à la mortalité,
au défaut de ponte en hiver et à l'absence de nichées
au temps de la mue; cela fait un total de trois mille
cinq cents paires, qui, vendues 1 fr., donnent une
somme de 3,500 fr. Distrayant de cette somme celle
de 1,800 de dépense, il reste un bénéfice de 1,700 fr.
Il y a plus, nous ne faisons pas entrer ici en ligne de
compte le produit du fermier, qui est de 1 fr. 50 c.
par paire, soit quant à la colombine, soit quant à la
paille et autres détritus qu'on enlève avec soin.
Voilà 750 fr. qui peuvent grossir le bénéfice et le
porter à la somme de 2,450; ainsi, le produit du
fumier doit certainement couvrir les pertes acciden-
telles, les faux frais, les dépenses imprévues, la
paille, etc.

CHAPITRE VI.

DE L'HYGIÈNE.

Les pigeons ne sont jamais malades, ou s'ils le sont quelquefois, leur maladies ne sont dues qu'à un défaut de soin. Voici, comme complément des conseils que nous avons donnés jusqu'ici, ceux qui méritent le plus d'attention :

1° Eau pure, claire, courant dans une rigole évasée. Les pigeons commencent par s'y mouiller les pattes, puis entrent plus avant et boivent avec délices en enfonçant le bec dans l'eau. Hiver et été on les verra, par troupes nombreuses, accourir sur ses bords et s'y plonger pour se baigner et se nettoyer, et cela tous les jours; car peu d'oiseaux aiment plus qu'eux la propreté. La propreté est le grand mobile de la santé et de l'économie de nourriture pour les pigeons. C'est dans l'eau et en se nettoyant les plumes, quand ils en sont sortis, qu'ils détruisent la vermine et qu'ils s'en débarrassent incessamment. Sans eau, la vermine les tourmente, les empêche de dormir, les tient dans l'agitation et dans une irritation telle qu'ils maigrissent tout en mangeant sans cesse, c'est-à-dire deux et trois fois plus qu'il ne faut.

Nous avons vu en Afrique un colon de Zéralda se ruiner chaque année à entretenir une centaine de

paires de pigeons. Ce malheureux, alléché sans cesse par le faible produit de quelques paires de pigeonneaux qu'il portait plusieurs fois la semaine sur le marché d'Alger, se trouvait toujours fort au-dessous de la dépense énorme que ces oiseaux lui occasionnaient en grains. Toujours il espérait que cela *marcherait;* mais son argent et ses récoltes seuls marchaient et étaient engloutis dans l'estomac toujours affamé de ses pigeons. Nous visitâmes son colombier, il n'y avait pas d'eau courante. De petits abreuvoirs malpropres suffisaient à peine à étancher la soif des pigeons. Nous signalâmes à l'ignorant éleveur les vices de cette installation. Il nettoya plus souvent les paniers, et put facilement donner une rigole d'eau pure à ses pigeons. Dès lors, tout changea de face : il cessa de se ruiner, bientôt il obtint des bénéfices sur ces intéressants volatiles. Ils mangeaient beaucoup moins, étaient plus gras, plus assidus à leurs nichées, moins turbulents et moins vagabonds.

2º Propreté. Sans répéter ici ce que nous avons dit pour les poules, nous le rappellerons en deux mots à la mémoire du lecteur : enlever la paille des paniers après chaque nichée, les nettoyer, nettoyer les traverses, le plancher, les cours, la rigole ; badigeonner quelquefois avec du sulfure de chaux liquide, tenir habituellement dans un comble ou dans quelque autre abri, de la paille fraîche et saine, que les pigeons viennent quérir pour la confection de leurs nids ;

3º Surveiller l'alimentation, et, en faisant la visite

des nids une fois la semaine au moins, ne pas man-
quer de voir si les pigeonneaux ont le jabot bien
garni ; leur jabot doit être presque de la grosseur de
l'oiseau, c'est le thermomètre des subsistances du
colombier. Les jabots sont-ils pleins dans toutes les
nichées ? il y a abondance de vivres, le régime est
bon, nul ne souffre dans cette population.

4° Tenir dans le colombier même et dans quelque
autre endroit des pierres poreuses, du tuf, par
exemple, sur lequel on a fait cristalliser du sel de
cuisine. Les pigeons vont avec empressement en
becqueter, mais ce ne doit pas être en excès ; c'est
pourquoi on ne charge pas trop ces pierres de sel et
on les soustrait quelquefois à leur gourmandise.

5° Changer quelquefois de nourriture, varier les
grains, donner un peu de maïs et d'orge, quand on
a donné un certain temps du sarrasin et des vesces.
Du reste, accélérer les nichées, exciter les pigeons
paresseux à la reproduction en donnant un peu de
chanvre ou des pepins de raisin ; ces grains les
échauffent et se donnent de préférence vers la fin de
la mue, en automne, et vers la fin des grands froids.
On obtient ainsi quelques nichées de plus. Le pepin
de raisin se fait sécher avec les pellicules, après
l'extraction du vin ; c'est un aliment non moins utile
qu'économique, une fois débarrassé de ses pellicules,
mondé et desséché.

CHAPITRE VII.

ORGANISATION MIXTE.

Dans bien des fermes, dans beaucoup de basses-cours, on élève le pigeon sans lui donner une place aussi large et sans lui accorder un budget particulier au livre des opérations de l'année. Il est certain qu'on peut n'accorder aux pigeons qu'une place secondaire et en tirer encore du profit.

En ce cas, la volière est remplacée par le moindre appartement, déjà utilisé, soit par des lapins, soit par des brebis ; quelques planches jetées en travers dans sa partie supérieure, quelques barreaux et les ustensiles pour leurs vivres suffiront aux pigeons de de la volière, sans gêner les autres animaux.

Les paniers à nichées seront répandus dans la partie supérieure des divers appartements de la basse-cour, sous des auvents, contre les murs des cours, sous les hangars, etc., mais en général dans les endroits les plus chauds et les mieux abrités. On peut aussi organiser çà et là de petits colombiers ; ici, dans cet angle, quelques briques sur champ, avec des ouvertures, abriteront cinq et dix paires ; là, au haut d'un poteau, quelques planches en forme de cône serviront de refuge à quelques autres paires.

Nous avions ainsi placé deux cent cinquante paires de pigeons dans une vaste ferme avec grandes cours, écuries, parcs à moutons et porcherie. Dans une pareille organisation, tout vit ensemble, poules et pigeons, oies et canards ; mais il arrive plus d'accidents, on gagne moins, et la surveillance, trop éparpillée, en devient plus difficile. Les produits sont communs, comme la dépense et les distributions ; ce qui n'empêche pas chaque partie de la basse-cour d'avoir son chapitre spécial dans le livre de la manutention. Car nous recommandons ici ce que nous avons recommandé dans notre *Traité du Lapin*, la *comptabilité*. Il faut noter soigneusement tout ce qui sort et tout ce qui entre, toutes les mutations, toutes les dépenses et tous les produits, même ceux que l'on consomme pour l'usage de la ferme. Sans comptabilité, il n'y a aucun ordre, aucun moyen de se rendre compte de ce que l'on fait, de savoir où l'on va ; sans comptabilité, nul moyen de voir ce qui pèche dans les procèdés mis en usage, de corriger des abus qui mènent à la ruine, de profiter de l'expérience du passé.

On n'oubliera pas, même en ce qui concerne le pigeon, que la verdure lui est nécessaire, été et hiver, surtout dans cette dernière saison. Les semis dont nous avons parlé lui sont indispensables, et c'est la raison du peu de réussite des pigeons élevés dans des volières ou des appartements fermés, comme l'on fait dans les villes, malgré la dépense dont ils sont l'objet. L'oseille est un de leurs entremets les plus recherchés et qu'ils aiment le plus. Ce genre de nourriture, ces grains germés, ces herbages, sont un besoin pour la volaille et une économie pour l'éleveur, nous ne saurions trop le répéter.

Dans l'organisation mixte, les pigeons sont plus éparpillés, plus divisés. Cela vaut absolument mieux qu'un pigeonnier mal tenu. Mais l'on y voit beaucoup plus de pigeons dépareillés et un plus grand nombre de mâles d'une exubérance vitale qui leur fait troubler la paix et l'accord des autres. De là des rixes, des pertes de temps, des œufs inféconds, des nichées manquées ou négligées..... Il faut, dès que l'on aperçoit un pareil désordre, sacrifier le pigeon libertin qui l'occasionne et rechercher sa femelle abandonnée pour lui donner un autre compagnon.

EXEMPLE DU RÉSULTAT DE L'ÉDUCATION DES PIGEONS.

On le voit, en tout et partout, il faut à l'homme du travail, de l'industrie, des soins pour améliorer son sort et utiliser les ressources que la Providence met à sa disposition. Son travail féconde la nature, augmente son bien-être et ses plaisirs, tandis que son indolence le retient dans la misère. Il n'est personne qui ne puisse, ou d'une manière ou d'une autre, se faire *un petit sort*, un bonheur relatif, une position supportable et même agréable ; il n'est personne, sinon le lâche et le paresseux.

L'année dernière, un pauvre tailleur de village, ayant sa femme infirme et trois enfants sur les bras, vint nous demander quelque conseil pour soulager les souffrances de son épouse ; ce ne fut pas sans nous raconter sa misère et l'impossibilité où il se trouvait de sustenter sa famille. Nous lui promîmes d'aller le voir un jour.

Ce jour ne tarda pas à venir. Ayant à faire une visite dans son voisinage, nous allâmes chez lui accepter le verre d'eau fraîche qu'il nous offrit de bon cœur. Ni la maison délabrée qu'il habitait, ni le jardin attenant ne lui appartenaient. L'aîné de la famille avait huit ans, le père était boiteux et sa femme incapable de tout travail au dehors. Nous lui offrîmes une petite somme, à condition qu'il l'emploierait à se procurer deux paires de pigeons, quelques poulets et quelques lapines avec un mâle, enfin les grains nécessaires à leur nourriture pendant quelque temps. Nous lui donnâmes quelques conseils pour la culture de son jardin, adaptée à sa nouvelle destination ; il releva les murs en pierre sèche, à moitié écroulés ; il envoya tous les jours son aîné *faire de l'herbe* pour ses lapins ; mais il affectionna particulièrement les pigeons. Tandis qu'il vendait, dès les premiers mois de cette année, des lapins, des œufs et des poulets, il laissait les pigeons se multiplier en paix ; il en possédait enfin un certain nombre de paires, qui, aujourd'hui, forment son plus joli revenu.

Nous l'avons visité une seconde fois. Il nous a

2.

rendu déjà une partie de la somme que nous lui
avions avancée, et nous avons joui du spectacle de
son bonheur dans sa maison, qui se ressent d'une
certaine aisance. Le grenier est plein d'herbes, de
fourrage et de racines ; des paniers à pigeons tapis-
sent tous les murs abrités, des loges en briques pour
les lapins s'élèvent en plusieurs endroits du jardin,
et dans l'un des angles est un petit poulailler bien
pauvre, mais bien propre. Cette fois, on nous offrit
de la piquette, et la femme, moins malade, aidait à
son mari dans l'intérieur. Il n'avait pas abandonné
son état, mais il divisait ses soins, et chaque jour
voyait s'effacer les traces de sa première misère.

Maintenant, nous ne reviendrons pas sur les produits des oiseaux de basse-cour, mais nous répète-
rons ces vers du bon la Fontaine :

> Travaillez, prenez de la peine,
> C'est le fonds qui manque le moins.

Essayer, étudier, choisir, combiner, persévérer,
voilà notre tâche dans les labeurs de la vie. La
science, l'industrie, la force nous ont été données
pour tout plier à nos besoins.

DEUXIÈME PARTIE

ÉDUCATION

DES OISEAUX DE LUXE

EN BASSE-COUR

EN PARC, EN GRANDE VOLIÈRE.

Les oiseaux dont il est ici question sont : 1° la pintade, 2° le paon, 3° le cygne, 4° le faisan, 5° la perdrix, 6° et la caille. L'ortolan, qui appartient à cette catégorie par l'industrie, est cependant un petit oiseau qui sera mieux placé dans la suivante, à cause du genre d'éducation qui lui convient.

Nous ne nommons pas la grive pour les volières, ni l'outarde, ni la gélinotte, ni quelques autres oiseaux de la grande tribu des gallinacés, moins généralement connus. Du reste, leur éducation devrait se faire d'après les principes que nous allons exposer.

Il importe aujourd'hui, à tous ceux qui ont le

temps et leurs soins libres, petits rentiers ou petits propriétaires, d'utiliser ce temps et ces soins en fructueuses occupations, sans courir les chances des spéculations élevées et de premiers déboursés trop considérables pour compromettre leur avenir.

L'on a pu, jusqu'à présent, avec quelque apparence de vérité, objecter à l'industrie que nous recommandons le défaut de débouché, l'incertitude de la vente; mais on ne le peut aujourd'hui que les communications entre les lieux les plus éloignés sont si faciles ; on ne le peut devant les besoins toujours croissants des grands centres de population et devant les exigences du luxe de la table.

Et, qu'on ne s'y trompe pas, le luxe des festins est le plus profitable à la petite industrie champêtre, aux éleveurs, aux jardiniers, aux fruitiers. C'est cette sorte de luxe qui répand le plus d'aisance dans la campagne. On connaît le prix de l'ortolan à certaines époques où les volières suppléent à la chasse. Ce mets délicat ne peut qu'augmenter de prix. L'éleveur en a sa bonne part et en laisse retomber une portion chez le marchand de grains, tout cela au profit des habitants des champs.

Un faisan d'excellente qualité atteint à des prix énormes, suivant la saison. Chacun sait, en ce qui concerne les oiseaux de luxe, que la perfection de leur chair en fait le mérite auprès du gourmet, et que ce mérite se paie toujours bien. Or, le profit en revient principalement à l'éleveur, aux campagnes.

Les lois sévères qui régissent la chasse semblaient

devoir souvent priver les grandes tables de tout gibier ; mais la perdrix, la caille, l'ortolan, ne sortent plus seulement de la gibecière du chasseur ; on les élève, et, quand la chassse est fermée, les tables ne se couvrent pas moins de perdrix plus savoureuses, de cailles plus délicates, d'ortolans plus gras et plus fins. Quel qu'en soit le prix, on se plaint uniquement de ce que l'industrie n'en fournit pas assez.

Oui, certes, l'industrie doit désormais suppléer à la rareté toujours croissante du gibier ; elle doit obvier à cette pénurie et fournir à ce besoin de la société. Elle y supplée d'autant mieux que, par l'éducation, la chair de quelques oiseaux devient plus délicate, et que tous multiplient trois ou quatre fois davantage ; car, d'une part, la production des œufs est triplée ; de l'autre, l'incubation et l'éducation intelligente diminuent les chances de perte et suppriment les causes de destruction inhérentes à l'état libre.

Que faut-il pour cela ? Un parc ou des volières et des soins. Peu d'avances, beaucoup de zèle et d'attention, c'est un capital facile à trouver et merveilleusement productif.

CHAPITRE Ier.

DONNÉES GÉNÉRALES.

Nous éviterons beaucoup de redites en décrivant dans un premier chapitre les lieux propres à l'élève des oiseaux de luxe, la bonne tenue, les meilleurs et les plus économiques moyens d'alimentation, et les soins communs à tous.

1° *Les volières.* — Les volières sont destinées à la production des œufs. Il faut une volière pour chaque couple, c'est de rigueur. Le faisan, la caille d'Amérique ou colin, la caille ordinaire d'Europe, la perdrix grise et la perdrix rouge, sont les oiseaux que l'on fait pondre en volière et qui y pondent avec le plus d'avantages; mais toute volière n'est pas propre au but qu'on se propose ici.

La volière de production doit dissimuler aux oiseaux la perte de leur liberté et leur offrir tous les agréments qu'ils recherchent lorsqu'ils sont aux champs. Il faut donc la placer dans une cour ou un jardin clos de toutes parts, et l'adosser au mur qui fait face au levant. Cette exposition est la seule qui convienne; les oiseaux aiment à gazouiller au soleil levant; ils se réchauffent avec volupté à ses premiers rayons. Exposée au midi, la volière est trop chaude; les oiseaux sont dévorés par les ardeurs du soleil, que l'on peut, il est vrai, atténuer par des ombrages, mais souvent pour occasionner une chaleur étouffante.

Chaque compartiment formera une volière de 2 mètres carrés, parfaitement séparé des compartiments voisins par une cloison légère en briques ou en planches plutôt qu'en fils de fer, car les oiseaux se voyant à travers ces grillages ne seraient plus aussi attentifs à leurs petits ménages.

Le devant de chaque compartiment, que nous appellerons *volière*, devra être en grillage ou en toile métallique, à mailles assez larges pour laisser un libre accès à la rosée des nuits, aux rayons du soleil et à l'air. Le dessus sera constitué par une cloison en planches, sous une toiture commune. On observera seulement qu'aucune fente, qu'aucun trou ne puisse donner passage à une souris.

Le sol de la volière offrant donc, comme les côtés et la hauteur, une surface de 2 mètres carrés, on aura tout l'espace nécessaire pour y installer les objets utiles et agréables au couple qu'on y renfermera.

On commencera par y planter quelques petits arbustes touffus : le thym, le buis nain, le romarin, avec cela deux ou trois arbustes plus élevés, comme le laurier-thym, le troène, le groseillier, et enfin quelques touffes de plantes vivaces, herbacées, tout cela disposé de manière à laisser des espaces assez larges, où les oiseaux circulent librement, se promènent, se poursuivent dans leurs ébats, se perchent, etc.... Il faut encore que le sol s'élève çà et là en coteau, offrant des abris et des points d'observation.

Cela fait, on le bêche par petites plaques et l'on y sème fréquemment du millet, du blé et autres grains que les oiseaux mangent volontiers en vert. Le reste du sol demeure uni, et on le recouvre de sable et de menu gravier. On achève cet arrangement intérieur en posant des pierres plates et des petits rochers près de quelques touffes d'herbes, et disposés de telle façon qu'il en résulte des creux et certains enfoncements semblables à une grotte.

Il n'y a plus qu'à placer : 1° un grand plat de 10 à 20 centimètres de profondeur, suivant le volume des oiseaux : c'est le bassin où ils se baignent et font leur toilette ; 2° un vase à étroite ouverture et à fleur de terre, au milieu d'une motte de gazon : c'est l'abreuvoir ; 3° un ou deux godets pour les grains, ou mieux une petite trémie ; 4° un petit pot, où l'on tient un bouquet d'herbes à l'eau : laitue, seneçon, mouron, plantain, etc.... Tous ces objets sont placés près d'une petite ouverture pratiquée dans le bas du grillage, afin qu'on puisse les retirer, les nettoyer, les garnir, en avançant la main, sans ouvrir trop souvent la porte. Celle-ci est également pratiquée dans ce grillage ; elle n'a que la grandeur nécessaire pour laisser tout juste un passage à la personne chargée de la manutention des volières.

La caille étant un oiseau de passage, on voit les captives s'agiter violemment à l'époque de l'émigration, en septembre et octobre, s'élever vers le toit de la volière, se heurter aux parois, en un mot se faire beaucoup de mal. C'est un instinct qui dégénère en manie, en fureur ; c'est un désir sauvage de liberté qui les fait se casser la tête en s'élevant sans cesse pour y obéir. Le seul moyen de sauver les cailles pendant tout le temps que dure l'époque de leur émigration, c'est-à-dire pendant quinze ou vingt jours, c'est de les renfermer dans de petites cages dont le dessus est en toile; on les remet ensuite en leur lieu.

Les volières dont nous venons de donner la description sont, avons-nous dit, destinées aux faisans, aux perdrix et aux cailles. Les faisans étant de beaucoup les plus grands, on agrandit un peu leurs loges aux dépens de celles des cailles.

On peut objecter que tous ces compartiments ont une trop grande élévation pour des oiseaux qui aiment le sol, comme la caille et la perdrix ; elle est nécessaire à la circulation de l'air et de la lumière, non moins qu'à la rosée, vraiment indispensable aux oiseaux producteurs; mais on peut l'utiliser fort agréablement en introduisant dans chaque volière deux paires d'oiseaux destinés aussi à la production.

Dans un compartiment à perdrix, mâle et femelle, on peut mettre deux ou trois paires de bouvreuils, canaris, cardinaux, bengalis, venturons.

Avec le couple de cailles, on voit prospérer et nicher des canaris, des serins, des pinsons, des sénégalis, des tarins.

Les bruants, les linottes, les verdiers, les alouettes, vont bien dans la volière des faisans.

On a dans ce cas peu de chose à ajouter à l'ameublement de chaque volière. Quelques baguettes en haut servent de perchoir, et une ou deux planchettes reçoivent quelques godets avec des grains mieux appropriés à ces petits oiseaux.

Nous ajouterons, sur ces habitants surnuméraires des volières à production, que l'on en doit choisir

3

très-exactement les sujets, afin d'avoir beaucoup de nichées et de les voir arriver à bien. Nous reviendront là-dessus en traitant des oiseaux de volière.

Et maintenant, nous croyons être utile à nos lecteurs en leur offrant la description d'une volière multiple de M. le chevalier de Castillon. C'est là que pendant notre jeunesse nous passions les plus heureux moments de nos vacances.

Ancien chevalier de Malte, il n'avait qu'un amusement, c'était d'élever des oiseaux. Il avait des parcs et des taillis pour les paons et les pintades, des volières pour les faisans, les perdrix, les cailles, les ortolans et tous les petits oiseaux indigènes ou de passage en Provence.

Une cour, de 20 mètres de long sur 8 mètres de large, était entourée de murs élevés de 4 mètres; tout autour régnait une toiture de 1 mètre, en saillie sur la cour; celle-ci était entièrement couverte d'un grillage supporté par trois piliers et des barreaux de fer. Cette cour regardait le levant, et les premiers rayons du soleil éclairaient le mur du fond dans sa longueur. C'est là qu'étaient vingt volières, une pour chaque paire de faisans, de perdrix et de cailles. Les volières étaient superposées; en d'autres termes, il y en avait deux rangées adossées au mur; elles avaient chacune 2 mètres carrés. Une voûte en briques, solide et légère, permettait pour les volières d'en haut les mêmes dispositions qu'à celles d'en bas, c'est-à-dire de la terre, des plantes, etc.

La cour étant grillée, on rattrapait facilement les

oiseaux qui s'échappaient quelquefois de leurs volières. Du reste, elle était habitée par des pigeons de très-belle espèce. On y voyait aussi des tortues et un joli bassin avec des cygnes superbes. Un jeune homme, alerte et intelligent, entretenait là une grande propreté, et distribuait à chaque espèce d'oiseaux la nourriture et les soins convenables.

On entrait dans cette cour du côté opposé aux volières par une porte percée dans le milieu. En dehors et à l'abri du mur, par conséquent encore au levant, on voyait des deux côtés de la porte deux petits bâtiments pour les poules couveuses. Ces poules étaient fort petites et couvaient les œufs des oiseaux élevés dans les volières; leurs petits bâtiments étaient entourés de quelques mètres de cour entourée d'une palissade légère et élevée de 2 mètres. C'est là que les jeunes faisans, les perdreaux et les cailletons recevaient les premiers soins et leur première éducation. Cette palissade les séparait de la basse-cour commune, attenant elle-même au parc.

2° *Le parc.* — De tous les oiseaux qui font l'objet de nos études, la pintade seule prospère et produit avec toute la liberté des oiseaux de basse-cour ordinaire, parce qu'elle connaît son gîte, y revient et ne cherche pas à fuir. On se borne à la surveiller à l'époque de la ponte pour recueillir ses œufs et empêcher qu'il ne s'en perde. Aussi, ne conseillons-nous pas de l'introduire dans le parc, ne serait-ce que pour éviter de le faire plus grand et de nuire au calme dont les autres oiseaux ont besoin.

On élève dans le parc ceux qui ne sauraient se passer d'une demi-liberté, du libre parcours d'une étendue de terrain variable, suivant leur nombre.

A la rigueur, les cailles et les perdrix pourraient y être placées après la mue, c'est-à-dire après l'âge de trois mois, si l'on avait la précaution de leur casser le fouet de l'aile ou de l'atrophier au moyen d'une ligature fortement serrée, et qui a pour objet d'y intercepter la circulation et la vie. Ainsi traités, les oiseaux ne peuvent franchir les murs du parc, et cessent même de faire des efforts pour voler; on ne les voit plus que courir tranquillement comme les poules les plus déshabituées du vol.

C'est du reste une opération qu'il faut faire subir aux faisandeaux lorsque, la mue achevée, à l'âge de trois ou quatre mois, on les place dans le parc pour les pousser jusqu'à l'époque de la vente, après qu'on a fait choix des sujets de production pour les mettre de côté en lieu convenable.

On ne doit pas mutiler ainsi le paon, qui se familiarise avec l'homme et ne vole sur les murs et les toits que pour se divertir. Il revient jucher au lieu qu'on lui a choisi, et ne manque pas de pondre dans l'étendue du parc, où il est question de dénicher ses œufs, comme nous le verrons plus tard.

Le cygne ne quitte pas son bassin ni sa cabane; oiseau tranquille, roi sur son élément comme le paon l'est sur le parc. Il n'y a d'ailleurs entre eux ni contestation ni dispute à propos du boire et du manger; une paix inaltérable règne parmi ces beaux oiseaux, fondée qu'elle est sur l'incompatibilité de leurs mœurs et l'opposition de leurs goûts.

Un éleveur sérieux qui voudrait spéculer sur les cygnes n'aurait qu'à les distribuer par paires sur autant de pièces d'eau renfermées dans le parc. Les faisans, objets d'une spéculation plus productive, y prospèrent avec le paon et moyennant les mêmes soins. L'outarde leur serait utilement adjointe si ce gros oiseau était recherché par les gourmets.

Un parc de la contenance de 2 hectares, bien aménagé, peut contenir deux cents faisans, une trentaine de paons et cinq à six paires de cygnes, chacun avec sa petite pièce d'eau. Il doit être entouré de murs hauts de 4 mètres et couronnés en dedans et en dehors d'un rebord de 30 à 40 centimètres. Cette saillie est nécessaire pour rompre le saut du renard et s'opposer à l'introduction des bêtes malfaisantes dans l'enceinte destinée à tous ces élèves.

On choisit pour cela un terrain de peu de rapport, à surface inégale inclinée du nord au midi et du couchant au levant, du couchant au levant surtout. Il y aura des rochers, des creux, des éminences, des abris, des clairières, des arbres, des arbustes, des herbes, des petites pièces ensemencées. On élèvera vers le milieu un hangar reposant sur des piliers et recouvrant un espace de 15 à 20 mètres. Ce sera un abri nécessaire contre les pluies et les grands vents. Quelques divisions pratiquées sous ce toit favoriseront la paix et la concorde entre les diverses tribus d'élèves. On les approvisionnera exactement pour chaque espèce d'oiseau.

Le parc sera traversé, au moins en partie, par un petit cours d'eau en pente douce, dont les issues, dans les murs du parc, seront soigneusement grillées. Ce cours d'eau formera une rigole, tantôt courant sous l'herbe, tantôt glissant entre des rochers, plus souvent s'étendant sur des bords évasés couverts de gravier et de cailloux très-propres, quelquefois formant une petite mare sans profondeur. C'est là que chaque oiseau, suivant son espèce, suivant ses besoins ou la saison, viendra se désaltérer, s'amuser et s'approprier.

On complantera ce terrain en chênes, micocouliers, cormiers, merisiers à grappes, cerisiers, figuiers, hêtres, mûriers non taillés pour obtenir des mûres en quantité, etc... Les arbustes consisteront en vignes, sureau, buisson ardent, ronce commune, framboisier, groseillier, laurier–thym, troëne, genévrier, aubépine. La fraise, l'oseille, la blette, le mouron, le seneçon, y seront à demeure avec toutes les plantes vivaces ou annuelles qui se sèment seules. On y cultivera çà et là le maïs, le sarrasin, le millet, le colza, le blé, l'orge, le sorgho, le chanvre, qu'on laissera manger en vert ou en graine. La laitue de toute saison, le chou, l'orge y seront semés fréquemment.

La personne chargée de ces soins se montrera inoffensive, s'absentera rarement, et se conduira de telle sorte que les oiseaux se familiarisent avec elle et n'éprouvent ordinairement pas de frayeur à son approche. Ceci est d'autant plus important, qu'elle doit aller partout au besoin pour approprier, faire ses distributions, entretenir la liberté du cours d'eau, exercer une surveillance active, suivre habilement les femelles qui vont cacher leurs œufs, les recueillir avec soin, visiter leurs nids et les entretenir dans l'illusion pour activer leur ponte et multiplier leurs œufs.

Tel est le tableau que nous avons dû faire du parc où les élèves doivent achever leur développement. Les modifications que l'éleveur peut y faire par économie, ou pour le rendre plus apte à répondre à ses vues, doivent être basées sur les principes d'isolement et de protection. Il se souviendra que ses élèves doivent trouver là tout ce qui leur est nécessaire, et, de plus, ce qui doit leur rendre ce lieu agréable. Nul, dans cet empire, ne sera violenté; la souffrance n'en approchera pas; la paix et l'abondance doivent régner sur ces êtres destinés à une fin tragique, mais où les conduira plus suavement un chemin bordé de fleurs.

Une dernière recommandation, c'est que les jeunes oiseaux doivent toujours y être placés sous l'égide de la poule qui les a couvés et qui a dirigé leurs premiers pas. C'est elle qui les façonnera à leur nouveau genre de vie, qui les aidera dans le choix de leur gîte, à trouver leur nourriture; c'est elle qui les défendra contre l'attaque dés anciens, ou contre les jalouses prétentions de plus forts qu'eux. Au bout de deux ou trois semaines, la poule leur sera retirée ; et, oublieux comme de jeunes natures, tous ces oiseaux perdront bientôt la mémoire de son affection et de ses soins.

3° *Les cages.* — On donne aux cages la forme et la grandeur les plus convenables à la fin qu'on se propose.

Nous avons parlé tout à l'heure des cages dont le haut est fermé par une toile pour empêcher les cailles de se blesser à la tête pendant qu'elles y sont enfermées à l'époque de l'émigration de ces oiseaux.

Ordinairement, un éleveur, tel que nous le supposons, doit avoir un grand nombre de cages de toutes grandeurs et de toutes formes, depuis le tambour où s'enferment les oiseaux que l'on fait voyager, et les petites cages simples où ils se mettent pour les mutations et les soins particuliers dont quelques-uns peuvent avoir besoin, jusqu'aux grandes cages où l'on tient les oiseaux d'agrément et de vente, et à celles où l'on dépose les poussins après leur éclosion et pendant leur plus jeune âge.

Les cages destinées à un certain nombre d'oiseaux d'ornement et d'agrément ont des formes très-variées. Elles seront toujours très-commodes et agréables si les mangeoires sont placées par côté dans des tiroirs où les oiseaux ne puissent passer que la tête, si le fond se retire sur des coulisses pour être facilement nettoyé, s'il est recouvert ou formé d'une plaque de zinc ou de toute autre matière légère et incorruptible, si l'on y tient un plat large et peu profond où les

oiseaux se lavent ; enfin, si ces cages sont plus longues que larges et au moins aussi larges que hautes,
disposition qui permet aux oiseaux d'aller, de venir,
de voler quelque peu , sans tourner sans cesse sur
eux-mêmes dans un espace resserré, où leur activité
se perde aux dépens de leur santé.

Les cages destinées aux élèves sont des espèces de
boîtes à double fond. On les compose de planches de
sapin légères, bien jointes et peintes. Le devant et le
dessus seront grillés pour donner accès à l'air et au
soleil. Ces boîtes ont 2 mètres de long sur 1|2 mètre
de large et autant de hauteur. On pratique vers l'un
des bouts une séparation à coulisse donnant un com-
partiment de 1|2 mètre carré pour la poule qui a
couvé. Une espèce de grille à larges trous, glissant
dans la coulisse, la sépare du reste de la boîte où
sont les petits ; c'est par là qu'ils vont sous la poule
et s'en retirent pour aller manger et s'ébattre dans
leur compartiment. Cette boîte est mise dehors quand
il fait beau et autant qu'on le peut, on la place au
besoin dans un appartement chauffé. Le fond sur
lequel courent les petits est garni de petits godets à
étroite ouverture; ils servent d'abreuvoirs et les poussins ne sont pas exposés à se mouiller. On jette dans
la cage une couche de sable d'environ 3 centimètres,
et on le change souvent dans le but d'y entretenir
une grande propreté. Les petits reçoivent la nourriture qui leur est le plus convenable dans leur compartiment, et la poule est nourrie séparément dans le
sien. Nous parlerons ailleurs des autres soins à don-

3.

ner à la poule et aux poussins, du temps qu'ils doivent y rester, et du lieu où il faut ensuite les trans-
férer.

4° *Des fourmilières et des vers.* — L'une des opérations les plus importantes, c'est de se munir d'œufs
de fourmi et de vers. Les jeunes paons, les faisan-
daux, les perdreaux et les cailletons ne peuvent s'é-
lever sans cela. Jamais on n'aura de beaux élèves, et
même l'on en perdra un grand nombre dès le bas
âge, s'ils ne sont pas nourris, dans les premiers
temps, avec des œufs de fourmi et avec des vers de
pâte qui suppléent peu à peu aux œufs de fourmi.

La difficulté serait grande et parfois insurmonta-
ble si l'éleveur n'avait pas les moyens de multiplier
les fourmilières et de créer des œufs, pour ainsi dire,
à volonté, et c'est ce dont il doit s'assurer en premier lieu.

Il doit savoir qu'il y a deux sortes de fourmis. Les
unes conviennent à tous les petits et même aux
grands oiseaux : ce sont les petites fourmis noires
des prés et des terres cultivées; les autres ne conviennent qu'aux perdrix adultes, aux paons et aux
faisans : ce sont les fourmis rouges ou des bois.
Celles-ci ont les œufs plus gros, plus odorants. Cette
nourriture échaufferait trop des poussins nouvelle-
ment éclos, si toutefois elle ne leur répugnait pas.

Quoi qu'il en soit, les œufs de fourmi sont une
nourriture indispensable à ces oiseaux, dans le premier âge : c'est un excitant dont ils se ressentent
avantageusement toute leur vie; une telle nourriture

les développe et les fortifie promptement; elle est la seule qui garantisse leur existence; et c'est même une observation qui s'applique, dans une certaine mesure, aux poules et aux dindons, dont les poussins viendraient parfaitement bien s'ils étaient, au moins en partie, nourris avec des œufs de fourmi jusqu'à la mue.

Les moyens de multiplier les fourmis et leurs œufs sont simples; on recherche dans les champs les fourmilières les plus nombreuses, on creuse la terre tout autour, puis on détache la motte, souvent très-grande, du tertre que les fourmis ont choisi pour domicile; on l'enveloppe d'une toile grossière et on la transporte dans le parc, où on l'enterre, sans trop de secousses, sans la retourner et en ayant soin de la placer sur une éminence ou sur une pente. On réussit d'autant mieux, qu'on s'y prend en plein hiver pour cette opération; mais il faut remarquer les fourmilières pendant l'été, en faire le choix lorsqu'elles sont en activité, et ne pas trop les entamer quand on les enlève. Une autre condition de succès, c'est de les entourer de fumier et de cailloux dans le nouveau creux où elles sont transférées, et de les enterrer en battant la terre autour d'elles. On la recouvre ensuite de pierres larges ou d'un talus qui s'opposent à l'infiltration des eaux de pluie.

Il va sans dire qu'il faut surtout choisir les fourmilières des prairies, des terres cultivées, des talus gazonnés : ce sont les meilleures. Le fumier et les cailloux, dont on les entoure après les avoir transférées, ont pour objet de les réchauffer, de les exciter à la ponte, et de laisser, après la consomption du fumier, des creux où se logent un plus grand nombre de fourmis, qui multiplient les œufs l'année suivante.

Lorsque, au printemps, on voit les fourmilières remuer, qu'une ouverture se forme à leur sommet et que les fourmis commencent à charrier les grains de terre au dehors, l'on a déjà mis à couver les œufs de caille, de perdrix, etc... Les fourmis ne tarderont pas à exhiber leurs œufs au soleil, s'il a plu, ou à les amener près de la surface, s'il fait beau et sec. Ces travaux des fourmilières coïncident toujours avec l'époque de l'éclosion de ces oiseaux.

Il faut bien se garder d'extraire sans miséricorde et tout d'un coup tous les œufs d'une fourmilière. On en découvre légèrement la partie la plus exposée au soleil ; on gratte, on cherche l'endroit où sont les œufs, on en retire une pellée, et l'on recouvre immédiatement le trou avec un peu de fumier d'écurie à demi consumé, sur lequel on jette quelques centimètres de terre et, enfin, une pierre plate ; on s'y prendra chaque jour de la même manière, et cela pourra quelquefois durer quinze jours.

La pâte de farine d'orge, échauffée et fermentée, donne naissance à des vers qui suppléent jusqu'à un certain point aux œufs de fourmi. Ces vers de pâte sont meilleurs que les asticots, qu'il ne faut jamais donner qu'aux oiseaux plus avancés et après les avoir lavés et essuyés ; encore ne faut-il en user que dans une grande nécessité et à défaut d'autres.

CHAPITRE II.

DU CYGNE.

Autrefois très-commun en France, où il était un objet de consommation, le cygne n'est plus qu'un oiseau de luxe relégué dans les parcs et les jardins, sur les pièces d'eau dont il fait l'ornement.

On cite les fêtes de *Charles le Téméraire*, duc de Bourgogne, durant lesquelles ce fastueux seigneur fit servir sur ses tables plus d'un millier de cygnes et presque autant de paons.

Depuis quelques années, la variété du cygne noir d'Australie, acclimaté d'abord en Angleterre, tend à se vulgariser; on le voit avec plaisir dans quelques jardins mêlé au cygne blanc ordinaire. Le cygne d'Australie est d'autant plus beau que le noir pur de son plumage contraste avec les deux plumes blanches du fouet de l'aile, avec son bec et ses yeux rouges, et avec ses pattes d'un brun de fer.

Le cygne sauvage est blanc, d'un jaune pâle au cou; il a les pattes et le bec noirs; c'est un oiseau des plus grands; il est commun dans le nord.

Quelques officiers de la garnison d'Alger ayant pris, dans une partie de chasse sur les bords du Mazafran, deux jeunes cygnes dont ils avaient tué la mère, les laissèrent à Staouëli, où ils furent élevés dans l'une des basses-cours. Leurs plumes gardèrent jusqu'à l'année suivante une teinte brune. Plus jeunes, ils étaient presque noirs. On les éleva facilement : ils mangeaient des grenouilles et tout ce que mangent les canards et les oies. Mais on fut obligé de s'en défaire, parce qu'ils battaient les poules et même les oies; leur force était prodigieuse, L'un d'eux, à l'âge de dix mois, courut sur un enfant, l'accula contre un mur et lui cassa la cuisse d'un coup d'aile. L'enfant avait huit ans, et il aurait laissé la vie dans cette rencontre, si un ouvrier n'était venu le tirer d'affaire. Il fallut se débarrasser de l'oiseau féroce et colossal.

La femelle est, dans toutes les variétés du cygne, plus petite que le mâle et de mœurs plus douces ; elle est aussi plus modeste, moins fière et moins cruelle envers les oiseaux d'un ordre inférieur ; ce qui n'empêche pas qu'elle ne puisse pas plus que le mâle vivre en paix dans une basse-cour avec les autres oiseaux domestiques. Cependant une fois que le cygne jouit de son bassin et trouve sa nourriture sur ses bords, il ne va quereller aucun voisin et ne porte point le désordre dans ses alentours.

Le cygne vit de poissons, de grenouilles, d'insectes, mais surtout d'herbes, laitues, gazons et autres plantes herbacées aimées de la volaille. Du reste, il mange volontiers le pain, les diverses bouillies de basse-cour, des fruits et des grains.

Un bassin de 1 mètre de profondeur et de 9 mètres de circonférence peut suffire au couple, qui y passe toute sa vie sur l'eau. On place sur ses bords une cabane en planches ayant son entrée tournée vers

l'eau. Elle est munie d'une planche légèrement inclinée et plongeant à 30 ou 50 centimètres, pour permettre aux cygnes de sortir sans peine du bassin.
Une petite source y verse continuellement une eau
pure qui, du reste, sera totalement renouvelée une
fois par semaine, si le bassin est petit. C'est sur l'eau
seulement que le cygne est beau et gracieux ; il perd
ses charmes quand il marche sur la terre.

Un cercle de gazon, plus ou moins large, entoure
le bassin et sert d'ornement et tout à la fois de nourriture aux cygnes. Chaque jour on leur apporte, matin et soir, leur pitance en grains, bouillies, son, racines cuites, etc. Il en faut environ 2 kilogrammes
par jour et par couple, plus ou moins, suivant que
ces oiseaux mangent plus ou moins d'herbes, sorte
d'aliment qu'il faut toujours leur donner en abondance.

La femelle pond à l'âge de deux ans, mais plus
souvent elle ne commence qu'à trois ans. C'est en
février qu'elle fait un nid d'herbes sèches dans la
cabane, et qu'elle y dépose de quatre à six œufs.
Quelques femelles pondent dans l'eau. Pour recueillir
les œufs, on fait glisser au temps de la ponte un
filet plombé au fond du bassin, et on l'en retire tous
les soirs pour voir s'il n'y a pas quelques œufs.

Ces œufs sont blancs et de la grosseur du poing.
La femelle les couve durant trente-sept à quarante
jours. On ne doit pas l'inquiéter sur son nid par une
surveillance trop dure, mais faire attention qu'elle ne
néglige pas ses repas.

Le mâle veille sur la couveuse tout le temps de
l'incubation, et il le fait avec un zèle tel qu'il est
dangereux d'en approcher à cette époque. Il peut
faire beaucoup de mal dans sa colère, car il a une
grande force dans ses ailes, dans son cou, et son bec
est cruel. Cet instinct de jalousie se prononce plus
violemment à l'égard d'un autre mâle, il lui livrerait
un combat à outrance.

Les petits cygnes doivent être laissés vingt-quatre
heures sous la mère avant de songer à les nourrir;
leur meilleur aliment sera d'abord une pâtée d'œufs
durs, de pain et de lait. La semaine après leur éclosion, on y ajoute des laitues hachées, des pommes de
terre et des grenouilles; bientôt on leur donne ces
substances séparément, puis on en vient à l'orge, au
maïs, et on profite des beaux jours pour les laisser
paître sur le gazon.

Gris dans le jeune âge, les cygnes ne revêtent leur
couleur blanche éclatante que l'année d'après. Sauf
une espèce de sifflement désagréable, on ne leur
connaît ni cri ni chant; le cygne est muet. Il vit
longtemps, il passe sa vie sur l'eau, d'où il tond sur
les bords de la longueur de son cou, l'herbe qui est à
sa portée; il n'aime pas à sortir de l'eau pour manger
les herbes et les pitances qu'on lui donne, il est même
visiblement contrarié quand on le force d'aller les
prendre à terre. Les coquillages, les poissons, les
insectes qu'il trouve dans les pièces d'eau sont un
régal pour lui; mais il doit les rencontrer sous son
bec, car il n'est pas chasseur.

Sa chair est peu estimée et elle n'est plus mangée. Cependant de jeunes cygnes engraissés seraient encore un bon mets. L'éleveur n'a d'espérance de s'en défaire que pour fournir aux amateurs qui veulent en orner des bassins ou des pièces d'eau. En ce cas, le prix dédommage des dépenses qu'il a occasionnées. D'ailleurs, le cygne donne encore son duvet, si estimé, deux fois par an ; on l'en dépouille en mai et en juillet, par les mêmes procédés que pour l'oie.

CHAPITRE III.

DU PAON.

Le paon, roi des oiseaux de basse-cour, ornement des demeures fastueuses, des parcs, des pavillons de plaisance, nous vient de Chine. C'est encore un oiseau qui fut jadis, chez nous, beaucoup plus commun. Le moyen âge en faisait ses fêtes et la pièce principale de ses festins. On remonte au temps de Cicéron pour trouver à Rome la première mention faite du paon par les historiens. Hortensius passe pour en avoir servi le premier sur sa table.

La chair du paon est aujourd'hui avantageusement remplacée dans les festins par celle du faisan et d'autres oiseaux plus fins et plus exquis. On le mange cependant encore, mais jeune et gras ; dans ce cas, c'est encore un mets qui ne manque pas de délicatesse.

Nous connaissons quelques variétés de paon, mais
elle ne portent que sur la couleur. Il y en a même de
blancs; on les voit de préférence dans le nord de
l'Europe. Ils vivent de vingt-cinq à trente ans, et un
mâle suffit à cinq femelles.

La femelle ou paonne, ne pond qu'à la troisième
année de son âge, et c'est en avril ou en mai. Sa
ponte est de dix à douze œufs. Elle va cacher son
nid et ses œufs dans le fourré des taillis, et y met un
soin et une obstination remarquables. L'éleveur a
cependant grand intérêt à découvrir sa cachette, et
il ne lui faut pour cela qu'un peu de patience.

Quand il a remarqué les assiduités du mâle auprès des femelles, leurs caresses, leurs petits cris, il
n'a qu'à les faire observer pendant quelques jours
dès leur lever. Il ne tarde pas à voir la femelle se
diriger, comme en rampant, dans les lieux écartés,
dans un taillis, dans une haie, et y aller tous les jours
et plusieurs fois par jour. Il découvre bientôt son nid,
y prend chaque fois l'avant-dernier œuf pondu,
pour y laisser le dernier, auquel il fait une marque.
De cette manière il force la ponte, et chaque femelle
peut donner jusqu'à trente œufs.

Ce n'est que par exception qu'on laisse couver la
paonne, c'est-à-dire lorsqu'elle a si bien caché ses
œufs qu'on ne peut les trouver. Car, non-seulement
elle donne alors peu d'œufs, mais elle les couve mal,
et il est rare qu'ils viennent à bien, étant ordinairement mangés par les rats et autres animaux nuisibles.

Cependant, le nid découvert, on pourrait le garantir par une clôture convenable.

Quatre ou cinq jours après qu'on a cessé de recueillir de nouveaux œufs dans le nid, il faut les laver à l'eau froide et les mettre à couver en les divisant à deux ou trois poules ou dindes.

Les soins à donner à l'incubation sont les mêmes que ceux déjà décrits dans le deuxième volume. On ne mettra point à couver les œufs que la paonne pond de son perchoir et laisse tomber par terre, ce qui lui arrive quelquefois ; ces œufs sont presque toujours mauvais, malgré la précaution que l'on prend de mettre du sable par-dessous pour éviter que l'œuf ne se casse.

Lorsqu'on possède un certain nombre de femelles, et par conséquent beaucoup d'œufs, il est quelquefois avantageux d'en laisser couver une qui, plus tard, conduira tous les paonneaux ; leur mère les dirige avec une grande sollicitude ; elle les aide même à se jucher le soir, en les élevant sur son dos jusqu'aux branches élevées des arbres. Il est cependant toujours plus utile de laisser conduire les paonneaux par les poules qui les ont couvés, parce qu'ils deviennent plus familiers sous sa conduite et qu'ils ne se mettent pas si jeunes à vagabonder.

Les jeunes paons mangent de suite ; on les laisse néanmoins se réchauffer pendant une demi-journée sous la couveuse. Leur première nourriture doit consister en œufs de fourmi, si l'on veut qu'ils se portent bien et qu'ils supportent sans danger la crise de la mue. On mêle peu à peu d'autres aliments à celui-là jusqu'à ce qu'on puisse les en priver complétement.

Plus tard, des œufs durs, des vers, des insectes, des limaçons, constituent pour eux un excellent régime. On y adjoint des pâtées avec des poireaux, des laitues, des herbes cuites, des pommes de terre, etc. Du pain trempé dans du vin peut leur être administré quelquefois ; on en vient bientôt à des grains secs : orge, maïs, fèves cassées. Les mûres, les baies de sureau, de troëne, les fruits doux bien mûrs, le lait caillé, leur conviennent beaucoup; on les voit aussi courir après les sauterelles et les insectes pour s'en nourrir.

Tant que les paonneaux sont petits, on doit prendre garde au mâle, qui les bat quelquefois et peut en tuer. On les soigne particulièrement jusqu'à la mue, époque critique où leur vient l'aigrette.

Le paon est adulte à huit mois ; les jeunes mâles sont exposés à se battre et à se massacrer peu à peu à coups de bec ; c'est ce qu'il faut éviter par une grande surveillance, ou même en les isolant. Le paon, renfermé dans une basse-cour, maltraite les autres volailles et devient un tyran redoutable. Il lui faut une liberté entière d'aller et de venir autour de l'habitation, dont il est un ornement. Alors il vit en société avec les siens et ne s'occupe point des autres volailles.

Son vilain cri est racheté par la magnificence de son plumage et par sa vigilance ; car il peut, au besoin, remplir l'office d'un chien de ferme. Ses plumes tombent à la fin de l'hiver, et sa mue n'est terminée qu'à la fin de juin ou en juillet, ce qui le prive une partie de l'année de tous ses charmes.

CHAPITRE IV.

DE LA PINTADE.

La pintade, connue et fort estimée des Romains, disparut des basses-cours durant le moyen âge, excepté en Angleterre. On la fait originaire d'Afrique, et on l'appelait pour cela autrefois la poule de Numidie.

Sa chair est excellente et peu inférieure à celle du faisan. Son cri est fréquent et des plus ennuyeux ; son plumage est gris et blanc, agréablement bigarré, et l'extrémité des ailes dépasse la queue. Sa tête est fort petite relativement à la grosseur de son corps, qui est plus fort que celui de la plus belle poule.

Le mâle est vif, querelleur surtout à l'époque du rut. Les pintades sont farouches, malgré tous les efforts des éleveurs ; elles sont toujours en guerre avec les autres volailles de basse-cour, qu'elles maltraitent. Aussi est-il convenable de leur assigner un lieu moins fréquenté des autres oiseaux et de leur livrer un libre parcours dans quelques bois taillis ou dans des terrains vagues garnis de haies ou de buissons. Elles reviennent toujours à la maison, et se rendent aux heures accoutumées pour les distributions.

Le coq pintade féconde aisément huit à dix poules de son espèce. Celles-ci pondent par intervalles, durant tout le cours de l'année, jusqu'à cent œufs, généralement en plus grand nombre que les poules ordinaires; mais les pintades laissent leurs œufs partout, excepté au poulailler. Il est donc important de les surveiller, afin de reconnaître leur nids et d'enlever leurs œufs, comme nous l'avons recommandé pour d'autres espèces d'oiseaux. C'est le moyen de les faire pondre autant qu'elles sont susceptibles de le faire et de sauver leurs œufs; car la plupart du temps, les pintades couvent fort mal; elles réussissent rarement. La recherche du nid est facilitée par les poursuites du mâle, qui accompagne jalousement la femelle.

Lorsqu'on élève un bon nombre de pintades, il y a moyen de les faire pondre dans leur poulailler, c'est de le disposer comme celui des canards, d'en garnir le sol avec du sable, des buissons et des touffes d'herbe. Il n'en faut pas davantage pour les retenir chez elles; elles font leurs nids entre les buissons et y déposent leurs œufs, surtout quand on a la précaution de ne leur donner la liberté que vers le milieu de la matinée en leur offrant un demi-repas le matin, lorsqu'elles sont encore renfermées.

Du reste, les pintades retiennent beaucoup des mœurs des gallinacés; elles se poudrent comme les poules, et, comme elles, grattent la terre.

Les œufs de pintade ont une jolie teinte café au

lait; ils sont plus petits que ceux de la poule ordinaire, mais plus délicats; leur coquille est aussi plus dure.

Les petits, récemment éclos, reçoivent les mêmes soins que les dindonneaux; ils ne sont pas moins délicats, ni moins difficiles à élever: on en perd généralement beaucoup, faute de leur donner dans les premiers jours de leur existence des œufs de fourmi, des vers et des insectes, nourriture qui leur est le plus avantageuse.

Leur mue a lieu vers l'âge de deux mois. Après ce temps, ils sont robustes et ne périssent plus aisément. Les pintadeaux parviennent à l'âge adulte vers le sixième mois; c'est du sixième au huitième mois qu'on les livre pour la table, sans les engraisser, et cela pour deux raisons. La première, c'est qu'ils ont naturellement beaucoup de chair et de forts muscles; il suffit de leur donner une nourriture abondante pour leur faire prendre l'embonpoint convenable. La seconde, c'est que pour les engraisser il faudrait les renfermer, et leur humeur sauvage ne leur laisse pas supporter l'isolement.

CHAPITRE V.

DU FAISAN.

Le faisan est connu en Europe de toute antiquité. Il nous vient d'Asie, d'où nous tirons encore les plus belles variétés.

Le faisan commun est d'un beau port, et ses plume
ont des couleurs fort belles. La femelle est grise et
plus petite. On distingue parmi les variétés le faisan
argenté et le faisan doré qui vient de Chine ; c'est
l'un des plus beaux oiseaux connus. Il vit de huit à
dix ans. Un mâle peut suffire à six femelles. On doit
les renfermer dès le mois de février pour obtenir
leurs œufs. Il vaut mieux encore les mettre par paires en volières bien organisées, et les y garder toujours. Ils sont moins farouches, s'habituent à cette
agréable captivité, et la ponte n'en souffre pas ; au
contraire, on évite ainsi plusieurs inconvénients qui
diminuent le nombre des œufs.

La ponte se fait dès la fin d'avril. Il faut recueillir
les œufs à mesure qu'ils arrivent, environ un tous les
deux jours. Ils ne s'élèveraient pas au delà de vingt si
on les laissait en possession de la femelle ; mais en
les lui ôtant successivement, à l'exception du dernier pondu, on en obtient cinquante ou soixante.

Les faisanes trop grasses pondent des œufs sans
coquille, et tout au moins inféconds. Cela oblige l'é-
leveur à surveiller leurs aliments et à ne pas leur en
donner qui les engraissent. Leurs œufs sont à peu
près de la grosseur de ceux des pintades ; leur couleur est grise, pointillée ou tachetée de brun.

On a croisé le mâle avec quelques poules, entre
autres avec la petite poule anglaise, dite de Bantam.
Nous ne reconnaissons aucune utilité à ces croise-
ments.

Les œufs de faisan sont fort bien couvés par cette

même poule; elle est très-familière et contribue à rendre les faisandeaux plus traitables, quand on les lui confie jusqu'à la mue.

L'incubation dure vingt-cinq jours; on laisse les petits sous la couveuse un jour entier après l'éclosion. On leur donne ensuite à manger sept à huit fois par jour, sous peine de les voir dépérir; encore leur faut-il une nourriture choisie : œufs de fourmi d'abord, puis vers de pâte, mie de pain, laitue hachée, œufs durs. On ne les prive que graduellement des œufs de fourmi. Quant à ces œufs, on les passe légèrement au four pour les faire mourir.

Il est fort important de les élever dans un lieu bien sec et d'éloigner d'eux toute humidité. Généralement on se sert pour cela des boîtes, déjà décrites, dans lesquelles ils sont près de la poule. Ils vont ainsi se réchauffer souvent sous ses ailes, et viennent ensuite dans leur compartiment pour manger une nourriture appropriée que la poule gaspillerait sans s'en porter mieux.

Vers l'époque de la mue, qui se fait à l'âge de deux mois et demi à trois mois, il est nécessaire de revenir presque exclusivement aux œufs de fourmi, qui est la nourriture la plus favorable alors; elle les fortifie et les met à l'abri de cette crise qui, sans cela, serait fatale à un grand nombre.

Après la mue, on habitue peu à peu le faisan à la nourriture des gallinacés en général : farineux, racines, herbes, fruits, orge en vert, grains, etc. Mais il faut toujours leur donner des insectes, des four-

mis, des vers, des asticots, des sauterelles, pour obtenir de bons élèves.

On diminue le nombre des repas à mesure qu'ils
grandissent; de sorte qu'après quinze jours, ils ne
fassent plus que six repas, et quatre après un mois,
jusqu'à la fin de la mue.

Il est bon de les faire sortir de la boîte après quinze
jours d'âge, par un beau temps et sous l'égide de la
couveuse, qu'on met pour cela sous un panier à
claire-voie, afin qu'ils ne s'écartent pas et qu'ils aient
la facilité d'accourir sous ses ailes.

C'est vers l'âge de quatre mois qu'on met les jeunes
faisans dans le parc. On leur enlève préalablement
les plumes du fouet des ailes, que l'on a fortement lié
pour l'atrophier. Quelques-uns se tiennent même en
basse-cour avec les poules; car on peut dire que le
faisan est à moitié domestique. Plus que la perdrix et
la caille, ses mœurs se rapprochent de celles de la
poule : il gratte la terre, il se vautre dans la poussière pour se délivrer des parasites. Le cri aigu du
faisan se change chez la faisane en une espèce de
gloussement lorsqu'elle s'apprête à couver, ce qu'on
ne doit jamais lui permettre.

Les faisandeaux sont adultes en automne, et l'éleveur commence à s'en débarrasser en octobre pour
continuer la vente tout l'hiver. Plus docile en volière
que la pintade, le faisan peut y prendre un bel embonpoint qui le fait hausser de prix, bien que la délicatesse de sa chair suffise à la recommander.

C'est en automne qu'on choisit les sujets destinés à

la production; on les met aussitôt en volière, et il est avantageux de donner plusieurs femelles à un seul mâle. Il faudrait alors agrandir leur volière à proportion : 6 mètres en profondeur et en largeur sur 2 de hauteur suffisent à six faisanes avec un mâle.

CHAPITRE VI.

DES PERDRIX ET DES CAILLES.

On ne saurait donner plusieurs femelles à un mâle de perdrix ou de caille; ces oiseaux ne sont point assez soumis à la domesticité, mais les soins qu'ils exigent sont ceux que l'on donne aux faisans; comme eux ils nichent dans les volières et à terre. La caille et la perdrix ne se bornent pas à la ponte ordinaire, elles donnent jusqu'à cinquante œufs et plus lorsqu'on les leur retire chaque jour.

Nous réunissons en un seul chapitre ce que nous avons à dire de la caille et de la perdrix, et c'est avec d'autant plus de raison qu'après les chapitres précédents il reste à peine quelques explications particulières à donner.

La caille aime la plaine, fait son nid dans les prairies; la perdrix préfère les coteaux et y niche volontiers. On doit avoir égard à ces données dans la disposition du sol de leurs volières.

La caille est plus facile à élever et à gouverner que la perdrix grise; celle-ci l'est plus que la rouge. C'est la perdrix grise qu'on élève de préférence.

Les œufs de la caille sont petits, blanc pâle, pi-
cotés de noirs. Les faucheurs, dans certains pays,
en trouvent en quantité. On peut très-bien les faire
couver chez soi par une petite poule anglaise, pourvu
qu'ils n'aient pas été longtemps hors du nid.

Les œufs de perdrix rouge sont jaunâtres et tache-
tés de brun; ceux de la grise sont verdâtres et de la
grosseur de l'œuf de pigeon. Les œufs que l'on
trouve dans les champs peuvent être couvés par une
petite poule comme ceux de caille, et augmenter les
produits de l'éleveur.

Les cailles d'Amérique ou colins se traitent comme
celles d'Europe, et ne sont pas plus difficiles à élever.

Tous ces oiseaux mangent ce que mangent les
faisans. On peut, après la mue, les tenir dans un
parc en mutilant leurs ailes, comme nous l'avons
déjà dit. On peut les retenir dans une grande volière dont le sol serait cultivé, et d'où on les reti-
rerait pour la vente. La perdrix et la caille aiment
aussi le vert; on leur sème de l'orge et de la chi-
corée, dont elles becquètent la jeune tige, au lieu de
l'arracher comme font la poule et le faisan.

C'est à la fin de septembre et en octobre que les
cailles émigrent d'Europe; c'est aussi à cette époque,
et durant environ quinze jours, que celles de volière
s'efforcent de se soustraire à la captivité. Nous avons
dit ailleurs comment on les empêchait de se blesser.

On ne doit mettre en volière pour la production
que des sujets nés en domesticité et jeunes, de un à

cinq ans; il les faut alertes, gais, bien portants, avec des plumes bien lisses et polies.

L'assiduité des soins est une condition indispensable de la réussite. Il faut les leur donner tous les jours à la même heure, ne serait-ce que pendant quelques minutes, le temps de les nettoyer, de renouveler l'eau, la nourriture, la verdure; c'est là le secret de leur santé.

La verdure leur est nécessaire toute l'année, bien que les grains fassent la base de leur régime; un mélange de blé, d'orge, de millet, de sarrasin, leur suffit. A l'époque du rut et en certains moments, le colza, le chanvre, le sarrasin, le sorgho leur sont très-utiles.

Il est bon de leur donner une ration journalière et peu abondante, car on doit nettoyer chaque jour à fond leurs mangeoires; les restes se jettent aux poules.

Dans l'état de nature, ils mangent beaucoup d'herbes en hiver et au printemps; mais, à cette dernière époque, ils se nourrissent d'insectes et d'œufs de fourmi. Dans l'état de captivité, on supplée à cette nourriture restaurante par des graines de chanvre. L'éleveur qui leur distribue quelques œufs de fourmi ou des vers de pâte les voit prospérer sans encontre.

Le moment de la ponte arrivé, on doit surveiller les femelles et choisir le jour où la ponte est achevée pour leur enlever leurs œufs tous à la fois. Il vaudrait mieux les enlever trop tôt que d'attendre que la fe-

4.

melle ait commencé de couver et se soit affectionnée
à son nid; car, en ce cas, elle se dépite, souffre,
languit et tarde plus longtemps de reprendre sa
ponte.

Les cailles et les perdrix en font ainsi jusqu'à trois
successives. La troisième est toujours moindre et ne
donne pas plus de dix à quinze œufs, tandis que la
première va jusqu'à vingt-cinq.

Si l'on ne pouvait pas avoir commodément et à
point nommé des petites poules anglaises pour couver
les œufs, il faudrait avoir recours à une couveuse
artificielle, par exemple celle de M. Bir. Lorsqu'on se
sert de poules, il faut les tenir prêtes en leur fournis-
sant de mauvais œufs jusqu'à ce qu'on leur donne
les bons. Ces poules seront très-petites, légères, très-
douces; sous ce rapport, la poule de Bantam est
précieuse.

Les œufs de perdrix ne mettent pas plus de temps
à éclore que ceux de caille; on peut donc les mêler
sous une même couveuse, et c'est même fort utile.
L'incubation de ces œufs, si délicats et si cassants,
exige plus de précautions que les autres.

Les œufs de perdrix et de caille éclosent ordinairement tous à la fois. Ils sortent de dessous la couveuse demi-heure à une heure après être éclos, et se
mettent aussitôt à courir et à manger. C'est le moment d'enlever doucement la poule, de la mettre
dans une boîte à élèves, que nous avons décrite, et
d'y déposer aussi les poussins. On les élève là pendant les dix à quinze premiers jours; leur nourriture

consiste en œufs de fourmi et jaunes d'œufs durs émiettés. On leur donne d'abord huit à neuf fois à manger par jour, et on ne leur met de l'eau que dans de petits godets où ils ne puissent entrer ni se mouiller; ils doivent être toujours parfaitement secs et tenus chaudement. On économise peu à peu les œufs de fourmi en leur donnant quelques vers de farine ou de pâte, même des asticots lavés, et enfin de la mie de pain et de la pâtée faite avec du pain, des œufs durs, de la laitue hachée. Au bout de douze jours, on peut déjà leur jeter quelques menus grains : millet, riz brisé, chanvre, colza. Après le deuxième mois, ils se nourrissent comme les poulets. On se souviendra toujours, cependant, que les œufs de fourmi sont leur meilleure nourriture et le plus puissant remède à leur langueur et à leurs indispositions; il faut y revenir sitôt que leur santé périclite.

On commence à les faire sortir vers la fin du premier mois, en les mettant dans des compartiments adaptés à leurs besoins; et enfin, après deux mois, il est temps de les mettre dans le parc en mutilant leurs ailes. Ils sont également bien placés dans des cours spéciales, couvertes d'un filet, ou enfin dans des volières.

Mais, quelque part qu'on les mette, il sera nécessaire de les surveiller, parce que, dès l'âge de six semaines, les jeunes mâles commencent à se battre, à se donner des coups de bec et à se maltraiter jusqu'à à en mourir. On remédie à cette malheureuse passion en plantant des arbustes et des touffes de jonc

et d'herbe dans le local où ils se tiennent. Ces rameaux et ces touffes offrent aux faibles de précieuses
retraites ; il est même quelquefois nécessaire de les
séparer. Ces inconvénients sont moindres pour les
cailleteaux ; mais ils sont funestes aux perdreaux et
aux petits faisans, qui semblent s'entre-détruire.
Plus le local est grand, moins ces désastres sont
à redouter. En tout cas, on met les plus revêches à
part, par exemple dans un jardin clos, après leur
avoir coupé les plumes d'une aile. Cette demi-liberté
est très-utile ; ils viennent bien mieux et plus vite,
et, loin de rien dégrader, ils purgent le jardin des
insectes.

La vente de ces oiseaux commence après le mois
d'octobre. Les éleveurs, en mesure d'en fournir tout
l'hiver et jusqu'aux chasses du printemps, réalisent
sûrement de beaux bénéfices.

TROISIÈME PARTIE

DES

OISEAUX DE VOLIÈRE

ET DE CAGE.

CHAPITRE Ier.

Le commerce de ces oiseaux s'est considérablement accru depuis quelques années. C'est que par leur chant et leur gentillesse ils récréent l'esprit, animent une maison, égaient un appartement. S'en occuper est l'une des distractions les plus convenables aux esprits sérieux, aux littérateurs, aux personnes sédentaires de tout âge et de tout sexe. Nous leur consacrons volontiers ces pages, non-seulement dans cette pensée, mais encore pour mettre entre les mains des pauvres un moyen d'existence trop négligé.

Oiseaux charmants, vous avez le privilége de délasser les âmes pures, et les plaisirs innocents que vous leur procurez en valent bien d'autres; ils ne laissent du moins après eux que d'agréables souvenirs.

Pour nous, nous savons que saint Grégoire de Nazianze a fait des fables, saint Jean Chrysostôme des histoires, un chartreux des livres sur l'art d'attraper des oiseaux. Combien d'hommes graves se sont occupés d'oiseaux, de papillons, de melons, de plantes d'agrément! Le noble baron de Ponsort écrivait dernièrement un traité sur la culture de l'œillet. L'histoire nous montre saint Jean se délectant avec une perdrix, le vénérable abbé de Montalte avec une alouette, le père Rayer avec des tourterelles, etc... Belle passion, goûts innocents, vous êtes le partage de ceux qui aiment la nature et le Maître de la nature.

Nous ne parlerons ni du rossignol, ni du merle, ni d'autres oiseaux exclusivement insectivores et carnivores, parce qu'il s'agit pour eux d'un tout autre genre d'éducation. Ces oiseaux sont d'ailleurs bien moins agréables pour l'amateur, plus difficiles à élever et beaucoup moins productifs.

Mais nous parlerons d'une foule de petits oiseaux granivores, faciles à élever, charmants, aux mœurs douces, toujours recherchés, et apportant du profit au spéculateur qui les élève et les fait multiplier. Nous omettrons cependant de nous occuper de la tourterelle et de plusieurs oiseaux qui s'y rapportent, parce qu'ils sont peu prisés et qu'il leur faut des volières particulières.

La grive, le tourdre et les oiseaux de ce genre, que

les oiseleurs de l'ancienne Rome engraissaient en
volières pour le service des tables somptueuses, ne
sont plus aujourd'hui d'un rapport assez sûr. Ces
oiseaux sont d'ailleurs amplement remplacés par
d'autres qui offrent l'avantage de se multiplier en
volière ; c'est pourquoi nous n'en dirons rien non
plus.

Qu'on nous permette ici, avant tout, quelques
considérations sur les oiseaux en général, sur ces
oiseaux de nos campagnes dont l'utilité est encore
contestée par beaucoup de gens. Nous voulons leur
prouver qu'en travaillant à leur destruction, ils tra-
vaillent à ôter une charme de plus à leurs champs,
et à les priver de ces chasseurs ailés qui purifient la
terre d'une multitude d'insectes de toute sorte, dont
les ravages compromettent nos fruits, nos légumes,
nos grains.

Nous avons élevé une nichée de quatre rossignols,
qui, dès la première semaine, ont consommé ensemble 52 grammes d'œufs de fourmi! Quelle prodigieuse consommation de ces ravageuses par tous
les rossignols de nos campagnes! En outre, ces oiseaux, une fois adultes, dévorent d'immenses quan-
tités de divers insectes qui vivent dans les haies,
dans les jardins...

Les moineaux, ces déprédateurs de nos champs de
blé, sont cependant de puissants mangeurs d'insectes. Ils nourrissent leurs petits de chenilles, de
sauterelles, de vers, et il en faut en moyenne 5 grammes par jour à un moineau de nid. Supposez, dans

une commune, mille nichées de moineaux de quatre
petits dans l'année : eh bien, ces quatre mille petits
moineaux, nourris pendant quinze jours avec ces insectes, ce qui fait soixante mille journées de nourriture, feront chaque année dans cette commune une
consommation de 300,000 grammes, c'est-à-dire
300 quintaux de chenilles, vers, papillons, scara-
bées, etc....

Nous devons appliquer le même calcul aux précieuses hirondelles; seulement, les hirondelles con-
somment de préférence ces milliers d'insectes ailés
que nous discernons à peine dans l'atmosphère :
mouches, cousins, libellules, tipules, etc....

Le rossignol et la fauvette font la guerre aux insectes de nos jardins. Le merle, le pinson, le bruant,
les martinets, les engoulevents, le pic, le grimpe-
reau, les pies, les mésanges, la font aux insectes qui
se glissent à la surface du sol, dans l'écorce des
arbres, sur les feuilles vertes; aux blattes, aux han-
netons, aux phalènes, insectes du crépuscule et de
la nuit; aux papillons de jour, aux larves, aux chry-
salides; toute cette prodigieuse quantité d'êtres, qui
la plupart nous échappent, sont la proie de ces puri-
ficateurs de la terre et des airs, tandis que la ci-
gogne détruit les batraciens et les reptiles dans les
marais, et que le corbeau va partout faisant dispa-
raître les cadavres.

Voici enfin ce que nous lisons dans le *Journal du
Loiret*, dans une lettre qui lui est adressée de Lan-
glée, près Montargis, par M. Richardeau-Leroy :

« Les campagnards qui détruisent les oiseaux noc-
turnes, chouettes, hiboux, etc., et les oiseaux diur-
nes qui vivent exclusivement d'insectes, comme les
mésanges et les huppes, comprennent bien mal leurs
intérêts.

« On peut considérer comme très-utiles à l'agriculture la *chouette*, le *hibou*, la *huppe* et la *mésange*. Ces
oiseaux détruisent une quantité considérable de rats,
souris, taupes, mulots, chenilles, etc., etc.

« J'ai trouvé dans la retraite d'un couple de chats-
huants, dans l'espace d'une année, 15 l. 1/2 d'os
de rats, souris, taupes et mulots, ce qui prouverait
incontestablement que ces oiseaux sont les plus ter-
ribles ennemis des *rongeurs*, qui ne vivent uniquement qu'aux dépens des récoltes.

« Une autre expérience faite sur une nichée de mésanges m'a donné pour résultat la destruction, par
cette petite famille, de quarante-cinq mille chenilles
en vingt et un jours, temps qu'il faut au père et à la
mère, pour élever leur famille. Ces petits oiseaux
inoffensifs font leur nourriture habituelle de chenilles, et ont l'avantage de peupler d'une manière
prodigieuse ; ils pondent de dix à seize œufs et font
deux et jusqu'à trois couvées par an.

« Détruire des nids de *chouettes*, de *chats-huants*, de
huppes, de *mésanges*, c'est vouloir propager la race
des animaux et des insectes nuisibles et malfaisants.

« Un nid de chats-huants, dans une maison de
cultivateur, vaut mieux que dix chats. Un nid de
mésanges vaut mieux que dix échenilleurs. Dans l'in-

térêt de l'agriculture et du commerce, je ne saurais
trop recommander de veiller avec sollicitude à la
conservation de ces oiseaux. Que ceux qui tiennent
absolument à détruire s'en prennent aux pierrots :
ceux-là sont véritablement nuisibles à l'agriculture.
Un seul de ces oiseaux, pendant une année, équivaût
à la perte d'un décalitre de froment, sans compter
toutes les autres graines qu'ils dévorent ou gas-
pillent. Nos voisins d'outre-Manche sont tellement
convaincus de cette vérité, que chez eux la tête des
pierrots est mise à prix. »

CHAPITRE II.

DES ORTOLANS.

Avant d'en venir aux oiseaux de chant et propre-
ment dits de cage, il nous faut dire un mot de l'ortolan. L'ortolan ne s'élève pas pour l'agrément, mais
pour la table. Il ne multiplie point dans la volière,
mais on le prend au filet aux deux grandes époques
de passage, en mai et en septembre, tantôt plus tôt,
souvent plus tard, selon la température, les vents et
les contrées.

Le passage des ortolans en mai peut être plus profitable, qu'on ne le pense communément, à l'éleveur
qui spécule. A cette époque, l'ortolan nous revient
des pays méridionaux; il arrive pour nicher. Il est à
la vérité maigre et plus occupé de sa multiplication
que de soins personnels, et par conséquent difficile à

engraisser ; mais il y aurait moyen d'en obtenir des nichées dans les volières en les disposant avec tous les agréments qui dissimulent l'esclavage. Après tout, cette chasse fournit des ortolans pour toute la belle saison, et ils s'engraissent parfaitement en juillet et avant le second passage. Ce passage d'automne ou de la fin de l'été est plus abondant, et sans tant de peine il défraie mieux les oiseleurs.

A cette époque principalement, les ortolans descendent des provinces septentrionales pour traverser la France en deux grands courants, dont l'un longe l'Océan, l'autre les Alpes ; ils viennent se réunir sur les côtes de la Méditerranée.

C'est par la grande vallée du Rhône, vers l'est, que se fait le plus grand passage. Les grands vents du nord, en septembre, obligent ces oiseaux à raser la terre, et on les prend alors par grandes troupes dans des filets. Les ortolans de cette saison sont plus nombreux parce qu'ils reviennent avec leurs nichées adultes, et ils sont déjà gras ou très-disposés à le devenir.

L'ortolan s'engraisse très-facilement ; on lui donne pour cela aujourd'hui, comme du temps de Lucullus, du millet. C'est même de cette graine qu'il tirait autrefois son nom : Pline l'appelle le milliaire. Une volière ordinaire, une chambre à fenêtres grillées leur suffit. On la garnit de petits buissons à percher, et on en couvre le sol de terre, de sable et de gravier.

Lorsque l'ortolan est prêt, il ressemble à une petite pelotte de graisse ; c'est un mets d'une extrême délicatesse, et que l'on recherche pour la table pendant toute l'année. C'est depuis le mois de juin jusqu'à la fin d'août, et depuis le mois de novembre jusqu'en mars, que les éleveurs tirent le meilleur parti des ortolans, qu'ils engraissent à mesure et qu'ils vendent d'autant plus cher que la saison s'avance davantage.

Nous disons qu'on les engraisse à mesure du besoin, parce qu'une fois parfait, l'engraissement dégénère facilement en maladie si par aventure on garde ces oiseaux plus longtemps.

CHAPITRE III.

DES SERINS ET DES CANARIS.

Voici le plus charmant oiseau de cage, à laquelle il semble destiné. Le canari, ou serin des Canaries, jouit du privilége d'être universellement aimé, choyé, recherché. A lui s'adressent les soins les plus assidus, les attentions les plus minutieuses; à lui aussi les cages les plus jolies, car il est le plus gracieux musicien des salons, le plus gentil compagnon de la veuve et de l'orphelin, le commensal le plus aimable de nos maisons, un joyeux captif.

Le serin indigène, ce petit oiseau alerte qui niche dans nos jardins et s'élève si facilement entre les mains de tous, est presque toujours associé au canari. Il n'y a pas la plus petite volière où ils ne se trouvent réunis; ils nichent fort bien ensemble et produisent des animaux au plumage varié, au chant le plus agréable.

Le canari fut apporté chez nous, au commencement du xvᵉ siècle, des îles Canaries. Jeune, il est d'un jaune citron très-agréable; vieux, ses plumes prennent une teinte blanche. On en connaît un grand nombre de variétés; nous devons les indiquer ici dans l'ordre de leur rareté, en mettant en tête le serin de nos campagnes et ses variétés :

1° Serin gris et vert commun.

2° Serin gris et vert à pattes blanches.

3° Serin gris à queue blanche et panaché.

4° Serin blond commun.

5° Serin blond à yeux rouges.

6° Serin blond doré.

7° Serin blond doré et panaché.

8° Serin blond à queue blanche et panaché.

9° Serin jaune ordinaire, canari commun.

10° Serin jaune panaché.

11° Serin jaune à queue blanche et panaché.

12° Serin agate ordinaire.

13° Serin agate à yeux rouges.

14° Serin agate à queue blanche et panaché.

15° Serin agate et panaché.

16° Serin isabelle simple.

17° Serin isabelle à yeux rouges.

18° Serin isabelle doré.

19° Serin isabelle panaché.

20° Serin isabelle à queue blanche et panaché.

21° Serin blanc à yeux rouges.

22° Serin bigarré panaché.

23° Serin bigarré, panaché, à yeux rouges.

24° Serin panaché de blond.

25° Serin panaché de blond, à yeux rouges.

26° Serin panaché de noir.

27° Serin panaché de noir, à yeux rouges.

28° Serin jaune jonquille.

29° Serin hollandais.

30° Serin hollandais, tout jaune, à huppe blanche,
ou couronné.

Chaque amateur, du reste, en possède des variétés difficiles à classer. Le serin canari hollandais provient du serin canari ordinaire, perfectionné par le choix des sujets accouplés et par l'assiduité des soins dont ils ont été l'objet : telle est l'origine des plus belles variétés.

Quelques oiseaux étrangers de la même espèce sont fort bien associés au canari, et donnent lieu à de nouveaux sujets dignes d'être élevés. Ce sont surtout : 1° le wosabée, petit oiseau d'Abyssinie, distingué du serin seulement par un fort joli mélange de jaune et de noir; 2° l'outre-mer, également originaire d'Abyssinie et aussi de la forme du serin, dont il a les mœurs. Il est d'un beau bleu foncé ; mais la femelle est grise, c'est aussi la couleur du mâle durant la première année; 3° le serin de Mozambique, venu des côtes orientales de l'Afrique. Le brun domine dans la partie supérieure de l'oiseau et le jaune dans la partie inférieure. Ces deux couleurs se marient par bandes chez les mâles. La femelle n'en

diffère pas, et tous deux n'ont rien qui les distingue autrement de nos serins canaris.

Nous décrirons à la fin les soins dont tout ces
oiseaux doivent être l'objet.

CHAPITRE IV.

DES CHARDONNERETS.

Le chardonneret est le plus bel et le plus charmant
oiseau de nos contrées. Il ne lui manque, a dit notre
grand naturaliste (Buffon), que d'être rare et de
venir d'un pays étranger pour être estimé ce qu'il
vaut. Les couleurs vives de ses plumes, rouge cra-
moisi, jaune doré, noir velouté, se marient agréablement ou apparaissent tranchées sur la tête et les
ailes.

La femelle a des couleurs moins vives que le mâle;
celui-ci ne prend ses plus belles nuances que la seconde année. Le chardonneret est le plus affairé,
nous ne disons pas le plus turbulent des oiseaux de
volière. Son activité est incomparable. Mettez dans
sa volière des rameaux d'arbustes, des épis, des
fleurs de chardon, le chardonneret ne se donnera
aucun repos qu'il n'ait fait tomber toutes les feuilles,
toutes les barbes de ces branches et de ces chardons.
Nous avions placé quelques arbustes vivants, troënes,
buissons ardents, etc., dans une volière où se trouvaient une trentaine d'oiseaux, dont cinq chardon-

nerets : au bout de quelques jours il ne restait à ces arbustes ni baies ni feuilles; ils périrent.

Un besoin d'agir tourmente particulièrement et perpétuellement le chardonneret, et ce besoin va si loin, qu'il faut s'attendre à perdre bien des nichées des autres oiseaux si, dans la même volière, se trouvent quelques chardonnerets. On en voit incessamment occupés à défaire les nids, à casser les œufs, à poursuivre les oiseaux accouplés, à se donner les plus funestes passe-temps. Cette humeur vive et remuante oblige les éleveurs à séquestrer les chardonnerets au temps des nichées.

Quoiqu'il ne soit pas au premier rang des oiseaux chanteurs, le chardonneret jouit cependant d'une réputation incontestée sous ce rapport; mais si l'on veut jouir de son chant, on doit le tenir seul en cage. C'est du reste ce qu'il faut faire à l'égard de tous les autres oiseaux, quand on veut avoir des chantres, et c'est le privilége des mâles seuls.

Une autre qualité des chardonnerets, c'est leur docilité. On leur apprend, sans beaucoup de peine, divers mouvements connus de tout le monde : on les habille, on leur fait tirer de petits seaux pour boire ; ils font l'exercice, manient un bâtonnet, mettent le feu à un petit canon.

Dans une volière où ils sont en nombre, ils vont toujours par troupe. On les voit assemblés, paître les uns près des autres sur les mottes de gazon et prendre un singulier plaisir à arracher chaque brin d'herbe. Le chardonneret aime tant la société de ses semblables, qu'il se mire volontiers dans un miroir, croyant être en compagnie.

Le mâle chardonneret s'accouple avec la femelle du serin et du canari. Et à ce sujet nous avons constaté l'exactitude de l'observation du R. P. Bouget, à savoir : « Les femelles de canaris qui auront un mâle de leur espèce pour quatre et même pour six, ne se donneront point au mâle chardonneret, à moins que le leur ne puisse suffire à toutes; dans ce cas seul, les serines délaissées accepteront le mâle étranger et lui feront même des avances. »

Le chardonneret s'accouple très-bien avec les autres petits oiseaux granivores. Le produit de son accouplement avec la linotte est le moins estimé, et celui dont on fait le plus de cas, soit pour le chant, soit parfois pour le plumage, provient de la serine et du chardonneret.

Les variétés du chardonneret sont toutes acciden-telles et dues à la domesticité; le chardonneret d'Algérie ne diffère du nôtre que par des couleurs moins vives et moins tranchées. On voit chez quel-ques amateurs le *chardonneret à capuchon noir*, le *chardonneret à poitrine jaune*, le *chardonneret à front blanc et à queue rouge*, le *chardonneret blanc* ou pres-que entièrement blanc, le *chardonneret noir* ou *noir à tête orangée*. Le Brésil nous fournit un *chardonneret vert*, et la Virginie un *chardonneret jaune*.

Quant aux métis, ils offrent des nuances très-variées, mais rarement avec du rouge. A ce sujet nous devons dire que le métis diffère du mulet en ce qu'il est fécond. Tous les petits oiseaux dont nous traitons ici sont granivores, appartiennent à la même tribu, peuvent se croiser entre eux et donner lieu à des métis reproducteurs. Ajoutons cependant que l'on obtient fréquemment des métis stériles, comme nous nous en sommes convaincu souvent, sans pouvoir assigner une cause à cette singularité. Cette explication s'applique à tous les oiseaux dont il est question dans cette seconde partie.

CHAPITRE V.

DE LA LINOTTE.

La linotte s'accouple très-aisément avec le serin; les métis en sont toujours féconds si l'on apparie la linotte avec le canari femelle.

La linotte mâle est susceptible d'apprendre à chanter sur divers tons; mais son chant passionné du printemps et sa note indépendante valent beaucoup mieux. On lui enseigne aussi à parler, c'est-à-dire à siffler quelques mots. Le plumage de la linotte est simple, sans couleur tranchée, tirant sur le brun et le rouge brun; la poitrine et la tête du mâle sont même parfois d'un rouge tendre. C'est un des oiseaux les plus communs de notre France; il passe l'hiver dans les bois et la belle saison dans nos campagnes.

Les linottes, comme les chardonnerets, vont par troupes nombreuses, fourragent ensemble, fréquentent les mêmes abreuvoirs, où elles se rendent par vols considérables, et c'est principalement là que les oiseleurs font des coups de filet de cinquante et cent linottes. C'est après les nichées que ces charmants oiseaux aiment ainsi à se réunir; ils continuent à le faire jusqu'à la fin de l'hiver, époque où les couples se forment et s'isolent.

Tout en réservant pour la fin les explications convenables à la bonne tenue des volières et à la nourriture de tous ces oiseaux, nous devons dire de celui-ci et de toutes les variétés de linottes qu'ils mangent la graine de lin sans se nourrir moins bien des graines convenables aux autres, et qu'ils se poudrent volontiers comme le moineau et quelques autres granivores. Cette particularité oblige l'éleveur à tenir de la terre sèche et du sable fin dans un coin de la volière, principalement à l'endroit où donne le soleil; ils aiment à se vautrer dans cette poussière, ce qui n'empêche pas qu'ils se baignent tout aussi volontiers que les autres oiseaux non pulvérateurs.

La *linotte blanche*, dont les ailes sont bordées de blanc et le reste du corps bigarré de cette couleur, et la *linotte aux pieds noirs*, sont des variétés dues à l'éducation.

L'Angleterre possède la *linotte de montagne*, à gorge rouge, au bec plus fin et à la forme plus allongée. La *petite linotte*, *sizerin*, *sizerine-linotte*, autrement dite *cabaret*, est rare, même en Allemagne, sa patrie. Le royaume d'Angora fournit la *vengaline*, espèce de linotte dont le plumage est jaune sur le croupion, et le reste à peu près comme les nôtres. Une autre variété étrangère, ayant la tête jaune, est connue sous le nom de *moineau du Mexique*. Le *ministre* est une linotte de la Caroline, d'un beau bleu, avec des nuances de la même couleur sur les diverses parties du corps; on l'appelle aussi *linotte bleue*.

CHAPITRE VI.

DES BENGALIS ET DES SÉNÉGALIS.

Ces oiseaux peuvent être classés entre les linottes et les moineaux; ils tiennent surtout de ceux-ci par leur penchant à la déprédation et par leurs mœurs familières et tout aussi belliqueuses.

Les bengalis et les sénégalis ne nous viennent pas seulement du Bengale et du Sénégal, mais encore de tout le midi de l'Asie et de l'Afrique, et des îles adjacentes.

On peut former tout autant de variétés des diverses couleurs de ces oiseaux, et ils les ont toutes : noir, jaune, bleu, rouge, vert, brun, etc... Il est d'observation que chaque oiseau, vert après une mue, passe au bleu à une seconde, au rouge à une autre, etc..., changeant ainsi à chaque mue pendant plusieurs années. Presque tous muent deux fois, c'est-à-dire changent de plumes deux fois l'année, revêtant à chaque fois une couleur pour la saison.

Quoique le plus grand nombre de ces oiseaux aient une couleur unie, on connaît quelques variétés en possession de plusieurs couleurs, surtout parmi les *bengalis :* le *servan,* à couleur fauve; le *maïa,* d'une teinte noirâtre; le *maïan,* rouge noir, sont des oiseaux qui diffèrent très-peu des *sénégalis* et des *bengalis;* ils n'en diffèrent même point quant aux formes, et tous ont l'instinct ravageur, qu'ils exercent dans les jardins et dans les champs de menue graine. On trouve ces oiseaux chez tous les grands oiseleurs des principales villes. Ils sont très-frileux, et demandent en hiver une volière chauffée, ou tout au moins fermée et bien exposée, comme il la faut aux canaris.

CHAPITRE VII.

DU PINSON.

Cet oiseau, très-connu, habite nos campagnes; il n'abandonne pas même en hiver nos provinces méridionales. Le pinson n'est jamais isolé, il aime la société des siens. Il est turbulent dans les volières, et toujours vif, alerte et gai *comme un pinson.*

Lorsqu'on veut élever les petits pris au nid, il faut leur donner des chenilles et des insectes. C'est ainsi qu'on doit élever tous les oiseaux qui ont le bec un peu fort, tels que moineaux, linottes, verdiers, bruants, qui se nourrissent principalement de grains étant adultes, mais auxquels les mères apportent beaucoup d'insectes quand ils sont encore au nid. Cette nourriture les fortifie et les fait croître plus vite; faute de se conformer ainsi à la nature, on élève fort peu de ces oiseaux pris au nid.

Les couleurs du pinson sont fort agréablement mélangées de brun, de jaune, de noir, de blanc, le mâle plus que la femelle. Indépendamment du *pinson à ailes et à queues noires*, du *pinson brun*, du *pinson huppé* et du *pinson à collier*, qui forment des variétés de volières, on possède le joli et coquet *pinson des Ardennes*, qui ne fait que passer sur notre sol, et toujours par vols très-nombreux. On lui donne, dans le midi de la France, le nom de *pinson royal*. On le prend au filet, et il s'élève fort bien ensuite dans les volières, où il se familiarise assez pour nicher.

Nous avons obtenu de la femelle du *pinson royal* avec le mâle de *canari commun huppé* un mulet ayant la forme allongée et gracieuse du *canari hollandais*, qui est l'oiseau qui ressemble le plus, sous ce rapport, au *pinson royal*. Ce mulet était jaune éclatant à sa gorge, sur le dos et à la queue; sa huppe était noire et sa tête rayée de brun et de noir, ses ailes, brunes, avaient des taches blanches et jaunâtres; son chant était tout aussi remarquable et d'une grande douceur.

Le pinson *grand-montain* est le plus fort; il est très-varié en couleur, mais sans éclat; il forme une variété distincte, ainsi que le *pinson de neige* ou *blanc*, le *pinson brunet*, le *pinson bonasson*, d'Amérique, *bleu*, *vert* et *jaune*; le *pinson noir*, *aux yeux rouges*, le *pinson noir et jaune* et le *pinson olivette de Chine*, le *pinson frisé*, etc.

CHAPITRE VIII.

DES VEUVES.

Ce petit oiseau vient d'Afrique; il fréquente l'Algérie au printemps et il y niche dans les gorges de l'Atlas, pour retourner vers le midi à la fin de l'été. Le bec court et conique des *veuves* fait contraste avec leur longue queue toujours en mouvement. Leur plumage brun et noir peut leur avoir fait donner ce nom. Des six à sept variétés de *veuves* les plus recherchées des amateurs, on en compte quelques-unes fort jolies; toutes se distinguent par leur longue queue, c'est-à-dire par deux longues plumes latérales de la queue.

La *veuve au collier d'or* est la plus belle, soit par son demi-collier, très-large et d'un jaune doré, soit par sa poitrine orangée. La *veuve à quatre biens* a le bec et les pattes rouges, les parties inférieures aurore et la queue avec quatre plumes longues, les deux latérales et les deux du milieu. Cette espèce est plus petite que les autres. Il y a encore la *veuve dominicaine*, la *grande veuve*, la *veuve à épaulettes*, la *veuve en feu*. Le *grenadier* est un charmant oiseau qui tient de la *veuve* par la queue et et du chardonneret par le bec, qui est long, mais rouge. Tous ces oiseaux changent de plumes deux fois par an, sans doute par un effet des climats chauds où ils vivent.

CHAPITRE IX.

DU TARIN.

Le *tarin* est un oiseau intermédiaire entre le serin et le chardonneret ; il tient du premier par le plumage et la forme, du second par le bec et les mœurs. Le *tarin* est susceptible de la même familiarité et des mêmes exercices que le chardonneret ; il lui est inférieur par le chant, et il n'est chez nous que de passage, excepté en Provence, où il niche dans les montagnes.

Apparié avec la canarine, le tarin se montre aussi zélé et aussi assidu que le mâle canari. Tous ces oiseaux granivores peuvent, nous le répétons, nicher et produire étant diversement accouplés.

Le *tarin de Provence* a plus de vert et de jaune que le tarin ordinaire. On trouve dans quelques volières le *tarin d'York*, le *tarin noir*, le *tarin olive*.

CHAPITRE X.

DU TANGARA ET DU CARDINAL.

Le genre des tangaras est composé de beaucoup d'espèces, toutes étrangères, et la plupart originaires de l'Amérique du sud. Tous ces oiseaux, de grosseur variable, entre le moineau et le serin, mangent des grains et de petits fruits.

Le *tangara huppé* est un des plus gros ; sa huppe consiste en un bouquet de plumes, qu'il relève ou abaisse, sur le sommet de la tête. Le *tangara* est noir et brun, à reflet éclatant.

Le *scarlate* est plus connu sous le nom de *cardinal ;* son plumage est rouge écarlate. Il offre quatre espèces de variétés : le *moineau rouge sans queue*, le *moineau rouge à queue*, le *cardinal à collier* et le *cardinal tacheté.*

Le *tangara du Canada* est le plus petit ; il est d'un rouge clair, avec les ailes et la queue noires.

Le *tangara cravaté* ou *à camail*, le *tangara noir*, le *tangara pourpré à bec d'argent*, le *bleuet*, le *tangara vert*, le *tangara tricolore*, le *tangara septicolore* et beaucoup d'autres sont depuis longtemps introduits dans les volières d'Europe ; mais ils ne supportent pas le froid. Il leur faut un appartement chauffé pour nicher ; les simples interruptions du feu pendant la nuit les retardent considérablement.

CHAPITRE XI.

DU BRUANT.

Le bruant est l'oiseau le plus voisin de l'ortolan, mais il n'émigre pas de France ; cependant, il abandonne souvent les provinces du nord. Il se tient, en été, sur les limites des bois, et, l'hiver, dans nos départements méridionaux, où il est connu sous le nom de *zizi ;* il s'y mêle par troupes aux pinsons.

Le jaune, le brun et le vert constituent les couleurs fixes de son plumage.

Le *bruant fou d'Italie* est ainsi nommé par sa facilité à donner dans tous les piéges. Le *proyer* est un bruant de passage qui ne s'éloigne pas des prairies ; on l'a appelé pour cela le *bruant des prés*. Les variétés étrangères sont peu connues, parce qu'elles n'ont rien d'assez intéressant pour mériter l'attention des oiseleurs.

CHAPITRE XII.

DU VERDIER.

C'est un oiseau souvent confondu avec le bruant, auquel il ressemble beaucoup en toutes choses. Le verdier ne quitte jamais le bois qui l'a vu naître. Il est aisé de l'apprivoiser. On lui apprend même quelques mots et divers exercices. Parmi tant d'autres oiseaux plus jolis et plus délicats, meilleurs chantres surtout, le verdier apparaît dépourvu des qualités qui font rechercher ce peuple ailé ; on s'occupe donc peu de ses variétés, telles que : le *verderin*, le *verdier sans vert*, etc.

CHAPITRE XIII.

DU BOUVREUIL.

Le bouvreuil serait plus répandu et ornerait un plus grand nombre de volières s'il était plus connu.

Agréments de la forme, plumage charmant et modeste, familiarité, grande facilité à parler et à prononcer de petites paroles, on trouve dans le bouvreuil toutes ces qualités, et, par dessus tout cela, un vif attachement aux personnes qui l'ont élevé, une espèce de sentiment de reconnaissance du bien qu'on lui a fait.

Malheureusement, cet oiseau ne vit que cinq à six ans, et c'est une grande douleur de le perdre quand il est apprivoisé. On oublie difficilement un hôte si familier et si aimable, qui allait et venait dans la maison, qui accourait sur votre doigt lorsque vous entriez dans la volière, qui badinait avec votre plume à votre bureau, avec votre cuiller pendant le repas, etc.

Le bouvreuil ordinaire est fort commun dans les provinces du nord de la France, en Bretagne, en Normandie ; il vit dans la campagne et fréquente les haies et les taillis ; en hiver, il se rapproche des habitations pour profiter des débris de grains ; il suit les enfants pour attraper quelques miettes de pain et ne se montre point du tout farouche. Quelques-uns abandonnent les lieux où ils vivaient lorsqu'il tombe de la neige, et prennent leur volée vers le midi, où les champs leur offrent encore pâture.

Ils sont de la grosseur du moineau, ont le corps assez ramassé, mais fort gracieusement découpé ; le sommet de la tête, le tour du bec et le dessus de la gorge sont d'un beau noir lustré ; le devant du cou, la poitrine et le devant du ventre d'un beau rouge

chez le mâle et café au lait chez la femelle ; le bas-
ventre et les couvertures inférieures de la queue et
des ailes, blancs ; le dessus du cou, le dos et les sca-
pulaires, cendrés ; le croupion, blanc ; les couvertures supérieures, les plumes de la queue et les pattes, d'un beau noir tirant sur le violet, avec des
taches bleues chez les mâles ; l'iris est bleu ou noi-
sette, le bec gros et la mandibule supérieure terminée en petit crochet.

Le bouvreuil se nourrit de tout, vivant dans les
arbustes et les haies ; il saisit les premières violettes
pour les dépécer et se nourrir des graines qui se
trouvent au fond du calice ; il s'attaque aussi aux
nouveaux bourgeons des arbustes, des rosiers, etc.,
aux premiers mouvements de la séve, et, de là, le
nom d'*ébourgeonneux*, que lui ont donné les Nor-
mands.

Il niche parfaitement en volière. Ses œufs sont
d'un joli bleu, avec des petits points rouges vers le
gros bout. Il nourrit ses petits avec des insectes d'a-
bord, puis avec de la verdure, des graines, des baies
d'arbustes, etc. Une paire de bouvreuils apprivoisés
avait niché dans notre cabinet de travail : le mâle
mourut sur ces entrefaites ; nous donnâmes un mâle
canari à la femelle, et le canari remplaça si bien le
bouvreuil dans l'éducation de la nichée, que la femelle fit une seconde nichée de métis qui avaient
plus de ressemblance avec le canari par la forme et
avec le bouvreuil par le plumage ; ceux-là ne furent
nourris qu'avec des baies et des graines.

Les variétés du bouvreuil sont nombreuses : on distingue le *bouvreuil blanc*, le *bouvreuil noir* et le *grand bouvreuil d'Afrique*. Il nous vient du cap de Bonne-Espérance une espèce de bouvreuil noir, orangé et blanc appelé *bouvaret*. La Guyane possède un *bouvreuil à bec blanc* et l'Afrique un *bouvreuil blanc bigarré*, dont les plumes de la queue sont frisées. L'Amérique fournit des bouvreuils fort jolis : le *bouvreuil à bec rond et à ventre roux*, le *bouvreuil bleu à bec rond*, le *bouvreuil noir et blanc à bec rond*, le *bouvreuil violet de la Caroline*, le *bouvreuil à queue noire*. Tous ces bouvreuils ont les mêmes mœurs, et chaque pays, dirait-on, veut avoir sa variété d'oiseaux si charmants.

CHAPITRE XIV.

SOINS GÉNÉRAUX A DONNER AUX OISEAUX DE CAGE ET DE VOLIÈRE.

Il faut que le soleil levant darde ses rayons sur les cages ou sur la volière. Celle-ci sera dans un cabinet clair, dans une chambre aérée, dans une portion de cour intérieure où la lumière pénètre largement; les fenêtres, grillées, seront garnies, sur le devant, de larges plats remplis d'eau pure fréquemment renouvelée. Ils serviront d'abreuvoirs et de lavoirs à tous les oiseaux. On dressera contre les murs de petites étagères avec de tout petits paniers à nicher environnés de rameaux verts. Le juchoir consistera en un arbre à grandes branches, sans feuilles, qui s'élèvera au centre de la volière. Le sol sera, autant que possible, au niveau de la fenêtre ou porte vitrée, pour être mieux exposé au jour. On y entretiendra de la terre formant des éminences et couverte, çà et là, de pierres ; on y mettra du gravier, des arbustes, des touffes d'arbre, du gazon, et l'on jettera par ci par là des graines de millet et d'orge, qui germeront et que becqueteront la plupart des oiseaux.

Ces volières peuvent contenir, outre les oiseaux dont nous venons de parler, des alouettes, qui nicheront facilement à terre, comme les ortolans.

Un mélange de graines de millet et de colza entières, du sarrasin, du tournesol, du maïs concassés, et, au besoin, quelques grains de blé, de lin, de tournesol entiers y seront constamment répartis en plusieurs mangeoires entourées de perchoirs. La graine de chanvre ne sera donnée qu'une fois par semaine durant toute l'année et un peu plus souvent en été. Il faudra s'arranger pour qu'il y ait toute l'année des bouquets de laitue tendre, de plantain, de mouron et de seneçon au dernier période de la floraison, afin que les oiseaux, indépendamment des feuilles, puissent aussi manger les graines fraîches. On place ces bouquets dans un vase avec de l'eau.

Les oiseaux étrangers que nous avons dit craindre le froid devront être dans des volières parfaitement à l'abri et exposées au soleil, ou même traversées d'un calorifère. Les oiseaux indigènes ne s'en trouveront que mieux, et, au lieu de trois nichées, on en aura quatre, parce qu'ils commenceront un mois plus tôt à faire leur nid.

On est forcé d'ôter les chardonnerets d'une volière si l'on veut que les autres oiseaux nichent en paix. Il est rare que les chardonnerets, quoique accouplés, ne dérangent pas les autres couples ou du moins leur nid. On sépare ordinairement aussi les canaris pendant le temps des nichées ; ils les feront mieux à part. Nous avons très-bien réussi avec un mâle canari pour quatre femelles ; trois femelles de bouvreuils avec un seul mâle nous donnaient trois nichées chacune, et les canaris quatre ; tous les autres à peu près de même ; mais il faut des sujets bien familiarisés avec leur servitude.

On peut obtenir une nichée de plus en enlevant les petits du nid au huitième jour environ ; on les place en lieu chaud et on les nourrit à la brochette. A l'exception du canari, tous les autres oiseaux conservés pour la multiplication doivent avoir été nourris ainsi et constamment tenus sous l'œil et la main ; sans cela, il est à craindre qu'ils délaissent leurs nids après avoir pondu. En nourrissant les petits à la brochette, on obtient des élèves beaucoup plus familiers, s'appareillant mieux et couvant très-bien. L'incubation dure treize jours.

Pendant les nichées, on donne des aliments un peu plus variés et plus nourrissants : biscuits, échaudés, pâtée d'amandes douces et de mie de pain, pâtée d'échaudés, de graines de navette pilées et de jaunes d'œuf. Toutes ces pâtées sont bonnes pour les jeunes oiseaux que l'on élève à la brochette, mais il faut avoir grande attention à les leur donner à des heures réglées et très-souvent, c'est-à-dire dix à douze fois par jour ; on remplit le gésier.

Il est important de donner quelques rations d'insectes : vers à soie, chenilles, vers de pâte, sauterelles, araignées, à ceux dont l'espèce a le bec plus fort : verdiers, bruants, linottes, bengalis, etc. Il faut aussi donner à tous un peu d'herbes : du mouron et de la laitue pilés et incorporés à une pâtée de biscuit et de graines. Tout cela est nécessaire, parce que tout cela se passe ainsi dans la nature. On les abreuvera également, mais seulement deux fois par jour.

Ces soins leur feront passer l'époque de la mue, vers le deuxième mois, sans danger. On les surveillera en ce moment, toujours critique, parce que plusieurs languissent et redemandent la becquée ; on doit alors se résoudre à les nourrir de nouveau, pendant plusieurs jours, à la brochette, s'il ne reçoivent la becquée de leur mère ou même de quelque autre oiseau, ce qui arrive souvent, car les anciens paraissent pleins de compassion envers les petits souffrants et affamés.

Lorsqu'il arrive qu'une femelle ne couve pas les œufs, on peut être certain qu'ils sont inféconds.

Quelquefois la mère abandonne les petits dès qu'ils sont éclos. On peut les sauver en les nourrissant à la brochette, et en les entretenant chauds au moyen d'un ou de deux petits moineaux de nid qu'on leur associe.

On peut faire nicher quelques oiseaux en cage : un couple seul par compartiment ou par cage; ce sont les canaris, les bengalis, les bouvreuils, etc. Ces cages auront, autant que possible, du sable et du gravier, un plat où les oiseaux se lavent, et de la verdure.

En cage ou en volière, dès la fin de l'hiver, on doit disposer des petits paniers pour les nids, et des rameaux assez touffus où l'oiseau puisse asseoir son nid, s'il préfère le construire en entier. En même temps on tient à leur portée de l'herbe sèche, fine et souple, des racines très-minces et très-flexibles (pour les bouvreuils principalement), des crins, des poils ou bourre de bœufs, du coton : ce sont là les matériaux de leur nid.

On ne doit jamais changer brusquement le régime et la nourriture des oiseaux ; ceci s'applique surtout aux oiseaux qu'on achète. On s'informera donc des soins qu'on leur donnait et des aliments dont ils usaient, et l'on ne change que graduellement ce qui pouvait être défectueux.

Nous croyons inutile de parler de leurs maladies, parce que les plus habiles n'y entendent rien. Tout ce que nous avons trouvé de mieux à ce sujet, c'est de les éviter par le choix de l'habitation, par la propreté, par la variété de la nourriture, en pâtées, biscuits, graines et herbes. Il est certain que l'apoplexie, les convulsions, l'épilepsie, l'asthme et la goutte, font des victimes dans cette intéressante tribu ; mais le moyen de les guérir de ces affreuses maladies! Pour la constipation, la diarrhée et d'autres maux accidentels, un changement éclairé de leur régime et au besoin quelques jours de séquestration suffisent à les guérir. Dans la plupart des cas, la chaleur est un remède souverain.

6

Il nous reste à faire observer que tous sont aptes à régulariser leur chant, à donner une plus grande étendue à leur voix, à réciter quelques airs choisis; mais il faut pour cela isoler complétement l'oiseau dont on veut faire un musicien, le placer dans l'obscurité et lui jouer le même air avec la serinette, deux ou trois fois par jour, pendant un quart d'heure chaque fois, jusqu'à ce qu'il le répète seul.

Nous nous arrêtons là, et nous savons pourtant qu'il y aurait bien à dire encore; mais nous croyons qu'on ne doit pas donner aux choses plus d'importance qu'elles n'en ont en réalité. Ce que nous avons dit suffit à la prospérité de ces petites industries. Nous laissons à l'imagination des autres de raconter les faits et gestes de quelques oiseaux privilégiés, de décrire leur tempérament, leurs querelles, leurs jalousies, leurs passions.

La nature est grande en toutes choses; le plus petit objet de ce vaste univers peut fournir largement à notre contemplation et à nos études. Il n'y a pas un brin d'herbe qui ne parle à sa manière de la grandeur de Dieu, les oiseaux et les cieux racontent sa gloire, et nous assistons perpétuellement au concert merveilleux de tous ces petits êtres qui, perdus dans la frange du vêtement de cette belle nature, en rehaussent néanmoins la magnificence.

TABLE DES MATIÈRES.

—

BIBLIOTHÈQUE DE L'AGRICULTEUR PRATICIEN (1).

A. GOIN, éditeur, quai des Grands-Augustins, 44.

(1) *L'Agriculteur praticien*, revue de l'Agriculture française et étrangère. 24 numéros par an, avec figures dans le texte. — Prix : 6 fr.

EVREUX, A. HÉRISSEY, imp. — 257.

www.ingramcontent.com/pod-product-compliance
Lightning Source LLC
Chambersburg PA
CBHW071527200326
41519CB00019B/6098